煤层气开采增透理论

薛东杰　著

陕西新华出版传媒集团

西　安

图书在版编目(CIP)数据

煤层气开采增透理论 / 薛东杰著. — 西安：陕西科学技术出版社，2020.9
ISBN 978-7-5369-7862-1

Ⅰ. ①煤… Ⅱ. ①薛… Ⅲ. ①煤层-地下气化煤气-地下开采 Ⅳ. ①P618.110.8

中国版本图书馆 CIP 数据核字(2020)第 141517 号

MEICENGQI KAICAI ZENGTOU LILUN
煤层气开采增透理论
薛东杰 著

责任编辑 高 曼 孙雨来
封面设计 朵云文化

出 版 者 陕西新华出版传媒集团 陕西科学技术出版社
西安市曲江新区登高路 1388 号 陕西新华出版传媒产业大厦 B 座
电话 (029)81205187 传真 (029) 81205155 邮编 710061
http://www.snstp.com
发 行 者 陕西新华出版传媒集团 陕西科学技术出版社
电话(029)81205180 81206809
印 刷 西安牵井印务有限公司
规 格 710mm×1000mm 16 开
印 张 8.25
字 数 150 千字
版 次 2020 年 9 月第 1 版
2020 年 9 月第 1 次印刷
书 号 ISBN 978-7-5369-7862-1
定 价 39.80 元

版权所有 翻印必究

前言

PREFACE

深地能源高效、安全和绿色开采对保障我国“十四五”国家能源战略安全具有重要意义，而煤层气（煤矿瓦斯）是赋存在煤层及煤系地层的烃类气体，是优质清洁能源。一方面，煤层气在增加清洁能源供应、减少温室气体排放中扮演正面角色；另一方面，煤矿瓦斯在深地煤矿安全生产中扮演负面角色。不同于美国等能源强国在页岩气（油）革命中将能源输入国地位扭转为能源输出国，我国在煤层气和页岩气赋存地质条件和基于国情的煤与瓦斯共采策略中难以采取完全类似美国的战略。事实上，我国煤层气赋存深度约2000m以浅，与美国页岩气埋藏深度一致，开展煤层气（煤矿瓦斯）革命或许更具优势。煤炭固体资源和煤层气气体资源共存禀赋但状态不同，目前绝对意义上共采是不存在的，井工采煤同时辅助抽采降低瓦斯浓度再集中回收是实现煤与瓦斯共采的主流形式；而理想的非共采形式为暂不考虑采煤，而是以地上钻探辅助以水力压裂抽采的方式来开采煤层气资源，目前这两种开采方式在国内是共存的，各有利弊。本书主要针对深地煤与瓦斯共采中的问题开展理论和实验研究，期望能为我国低渗透煤岩中煤层气开采增透提供理论和技术支撑。

长期以来，瓦斯作为灾害源给煤矿安全生产带来严重损失，尤其是近些年，我国煤矿生产安全形势好转，但瓦斯造成的人员伤亡事故仍然不断。中长期我国对能源发展的需求是巨大的，煤炭作为基础能源必须得到保障，而瓦斯富含甲烷，作为煤层气资源在我国存量巨大，又是可靠的前景资源。美国、澳大利亚等国家开展了页岩气与煤层气革命，创造了巨大的经济效益。我国煤层赋存条件具有高地应力、高瓦斯含量但低渗透等突出特点，尤其是低渗透严重阻碍了瓦斯的有效畅通，给煤层气开采带来许多技术困难，给瓦斯聚集产生灾害提供了条件。目前瓦斯增透技术发展及运用是煤层气开采中的热点与难点，尤其是针对我国特殊煤层赋存条件的增透技术还未得到充分发展，其主要原因是针对煤层增透的力学机理缺乏系统性地认识，未能从本质上为抽采技术的创新发展提供理论支撑，因此煤与瓦斯共采增透理论体系的建立是我国煤层气资源开采创新技术的理论源泉。笔者在充分总结国内外关于采动应力及瓦斯渗流特性研究现状的基础上，结合理论研究、室内试验及数值仿真等多种手段，研究了3种不同开采条件下采动煤岩体瓦斯增透机理及裂纹扩展规律，具体研究内容如下：

研究工作面前方煤岩体瓦斯渗透率分布对合理抽采瓦斯具有技术指导意义。通过简化孔隙、裂隙等效力学模型，建立标准圆柱煤岩体试件的等效力学模型，推导含单一裂隙纯煤试样的等效轴向、径向与体积应变，并推广应用到含多种裂隙的多种介质组合结构，通过试验验证理论力学模型具有较好的可靠性。以淮南张集矿11－2煤层工作面回采为原型，通过数值计算得到3种不同开采的支承压力峰值集中系数，并推导出支承压力与水平应力分布表达式，其能综合考虑开采条件、影响范围与采动卸压产生的体积膨胀变形。建立体积应变与渗透率之间的多项式关系式，并给出采动条件下不同开采方式下的体积应变分布曲线与渗透率分布曲线，根据其各阶段的特征差异划分为不同的阶段，为工作面合理抽采瓦斯提供了理论依据。

保护层开采作为一种典型的煤与瓦斯安全开采形式在煤矿生产中具有重要的意义。通过由半无限开采积分模型求解得到岩体内部位移场表达式并与相似模拟被保护层沉降曲线对比，研究发现理论模型可以较好地反映煤层实际变形。建立了“两带”裂隙分布模型及煤层简化力学模型，通过正交设计的全应力应变渗透试验发现，瓦斯渗透主要分为3个过程，发现瓦斯渗透急剧变化在体积应变达到0.015处，对比理论体积应变分布曲线，得出体积应变沿沉降范围总体上呈对称分布，在中心区域存在一个体积应变大于0.015的范围，可见其正处于渗透率急剧增加阶段，其卸压增透效果最好。研究结果为被保护层瓦斯卸压增透计算提供了参考。

基于潘一矿煤田地质背景，开展相似模拟试验，通过Matlab软件实时捕获标记点位置并通过像素点演算其坐标，计算得到采场体积应变分布，其可有效地反映采场膨胀－压缩变形分布规律。同时进一步开展全应力应变渗透试验，认为瓦斯渗透主要分为3个过程，并建立体积应变与渗透率的耦合关系方程，最后绘制出渗透率的采场分布。研究发现随着工作面向前推进，无论是体积膨胀与渗透率演化分布都是一致的，被保护层渗透要滞后于保护层，并且随着垮落区的形成与再压密，其渗透率也逐渐减小，形成类似蝌蚪状分布，且为动态过程。总体上分析，被保护层变形明显滞后于工作面采空区，并且渗透率也小于采空区。

室内真实有效模拟煤矿采动力学行为与瓦斯流动规律对防治煤与瓦斯突出灾害认识机理有着重要的指导意义。试验基于河南平煤股份八矿已14－14120工作面（深度约690m）加工煤样，利用含瓦斯煤热流固耦合三轴伺服渗流装置开展煤气耦合渗透实验。根据3种不同开采条件下工作面前方支承压力与水平应力分布规律设计加卸载方案，研究结果为工作面合理抽采瓦斯，防止煤与瓦斯突出、瓦斯超限等安全开采提供必要的理论支持。通过上述研究发现，无论是相似模拟试验，还是室内三轴试验，裂纹的空间生成、表面粗糙程度及联通都是影响瓦斯流通的主导因素。而裂纹的完备定量描述是目前的难点，对建立裂纹特征与瓦斯渗透关系带来了困难。

应用逾渗理论建立了以单元裂隙块体为格点单元的采动裂隙逾渗网格点阵模型，基于HK算法编制了逾渗集团标定及有关逾渗参量的计算程序，建立了采动裂隙图像采集处理、逾渗集团标定、逾渗特性分析的较为可靠的研究方法。计算了不同采宽时的逾渗参量：采动裂隙集团大小分布、总采动裂隙集团数、集团平均大小、逾渗分维、逾渗概率，并分析各参量相互之间及与采宽、裂隙率、压力等的关系。

基于裂隙聚团演化过程表现出的临界特征，利用逾渗理论，建立上覆岩层的逾渗模型，并分别分析沿走向和沿倾向条件下采动裂隙的逾渗特性。根据相似模拟试验结果，分析采动裂隙演化逾渗特性及周期来压之间的关系。所建逾渗模型中逾渗概率、裂隙率、逾渗团大小、竖向破断裂隙概率、离层裂隙概率可以较为完备地定量描述裂隙特征，为建立裂隙与渗透率等相关参量的定量关系提供了合适的数学载体。

由于不同开采条件下采动煤岩体瓦斯增透机理研究涉及多学科理论和方法，有许多理论和实际问题仍有待于深入探讨和研究。本书可以作为高等院校有关专业的教学参考和有关人员的研究参考。本书在纠正以往文献的讹误的同时，自身也会产生新的谬误。因此，书中难免有不足之处，敬请读者批评指正。

苏东杰

中国矿业大学(北京)

2020年09月于北京

CONTENTS

目 录

1 绪论

煤层中富含的甲烷(CH_4)具有双重属性,一方面作为瓦斯,给煤矿生产及矿工生命财产安全带来了巨大灾害;另一方面作为煤层气,又是一种洁净高效的能源。当前我国经济发展稳定,未来能源需求量巨大,尤其是中长期煤炭资源开采尚不能被其他能源替代的情况下,而我国煤层气资源含量十分丰富,因此煤与瓦斯共采技术迫切需要发展和创新。无论是地面抽采还是地下抽采,提高抽采产量的关键集中在增透技术上,因此研究煤与瓦斯共采增透机理对提高抽采煤层气效率或者预防地下瓦斯浓度超限具有技术创新指导意义。

1.1 研究背景及意义

煤炭在相当长的时期内,仍将是保障我国能源安全稳定的基础能源。根据《中国能源中长期(2030、2050)发展战略研究:节能·煤炭卷》,2030年煤炭科学可采预测产能达到30亿~35亿t,以基本满足届时煤炭需求,2050年维持在30亿~35亿t[1],可见在中长期煤炭仍是我国主导能源。瓦斯作为煤的伴生产物,不仅是煤矿的重大灾害源和大气污染源,更是一种宝贵的不可再生能源。我国瓦斯总量巨大,与天然气总量相当,且随着采深的增加,瓦斯含量显著增大。实现煤与瓦斯共采,是深部煤炭资源开采的必然途径。深部煤与瓦斯共采不仅能保障我国经济持续发展对能源的需求,还将进一步提升我国煤矿安全高效洁净生产水平,尤其对优化我国能源结构、减少温室气体排放具有十分重要意义。

目前已测得全球浅埋于2000m的煤层气资源量约为240万亿m^3,是常规天然气探明储量的2倍多。世界上有74个国家蕴藏着煤层气资源。我国煤层气资源量约为36.8万亿m^3,与陆地上常规天然气资源量相当,仅次于俄罗斯和加拿大,居世界第3位,可采资源量约为10万亿 m^3。全国95%的煤层气资源分布在晋陕内蒙古、新疆、冀豫皖和云贵川渝4个含气区,其中晋陕内蒙古含气区煤层气资源量最大,为17.25万亿 m^3,占全国煤层气总资源量的50%左右。中国每年在采煤的同时排放煤层气约200亿 m^3,折合2600万t标准煤,每年可发电600亿kW·h,相当于三峡水电站一年的发电量,可减少二氧化碳排放70多万t以上,相当于20多万辆汽车一年的尾气排放;煤矿瓦斯抽采利用率也仅有31%,造成资源浪费,环境污染。从发展历程上讲,我国煤层气利用始于20世纪70年代末。2005年地面煤层气开发实现零的突破,2007年达到3.2亿 m^3,2008年形成地面煤层气产能约15亿 m^3。我国煤层气产量与煤炭开采过程中每年向大气排放瓦斯量很不相称,与新一轮评价的煤层气资源量很不协调,实现煤层气产业发展目标任务艰巨,潜力很大。我国煤层气远景资源量比美国多,而资源探明率很低,仅为0.38%,美国已达6.4%;我国地面煤层气产量也仅是美国的1.3%,说明勘探潜力很大。全国大于5000亿 m^3的含煤层气盆地(群)共有14个,其中含气量在5000亿~10000亿 m^3之间的有川南黔北、豫西、川渝、三塘湖、徐淮等盆地,含气量大于10000亿 m^3的有鄂尔多斯盆地东缘、沁水盆地、准噶尔盆地、滇东黔西盆地群、二连盆地、吐哈盆地、塔里木盆地、天山盆地群、海拉尔盆地。其中沁水盆地、鄂尔多斯盆地东缘初步具备规模开发的资源基础。可见,未来我国的煤层气抽采与煤矿开发将同步进行,并且潜力巨大。

由此,国家973项目深部煤炭开发中煤与瓦斯共采理论于2011年初得到批准,谢和平院士担任首席科学家。总体目标是揭示深部高强采动多场多尺度裂隙结构演化、瓦斯解吸、运移及物质流动规律,建立深部强卸荷条件下瓦斯富集和导向流动的形成机制及控制理论、时空协同的深部煤与瓦斯共采理论和评价方法,形成在国际上有影响的深部煤与瓦斯共采研究团队,为深部煤炭资源的安全高效洁净开发和可持续发展提供科学依据和理论基础,促进相关学科的发展。笔者有幸参加课题一"采动过程中破断煤岩体的结构特征及联通性规律",基于此开展了相关基础课题研究。

从高效开采、绿色开采和安全开采背景出发,课题组提出3种典型工作面开采方式代表:无煤柱开采、放顶煤开采与保护层开采,其依据主要是采动过程中周围煤岩体的应力集中系数差异及动态演化规律差异。工作面前方采动煤岩体的应力状态与瓦斯渗流通道形成是密切相关的,采动卸压往往指的是临空面局部的卸压状态,事实有必要仔细探究前方乃至周边足够范围内的真实采动应力状态。从支承压力讲,由临空面向内推进到原始应力区,一般都是经历了卸压、峰值、增压与原始应力区这一过程,而水平应力则表现为卸压过程,因此从实验室角度还原其整个煤岩体的采动应力场则显得尤为重要。另一个重要方面是定量化,即水平应力、支承压力的大小问题乃至其对应关系问题,不同的工作面布置形式、开采方法都会影响其数量值。

另一方面,我国高阶煤和低阶煤所含瓦斯在资源总量中占2/3 以上,瓦斯(煤层气)赋存特征:微孔隙、低渗透率、高吸附。煤层渗透率平均只有$1.1974\times10^{-18}\sim1.1596\times10^{-14}\ m^2$,其中渗透率小于$0.1987\times10^{-16}\ m^2$的占35%,$0.1987\times10^{-16}\sim0.1987\times10^{-15}\ m^2$的占37%,大于$0.1987\times10^{-15}\ m^2$的仅占28%。而根据美国煤层气开发选取要求煤层的渗透率不低于$0.1987\times10^{-15}\ m^2$,我国煤层渗透率基本低于此值。如何高效开采煤层气资源很大程度上取决于煤层的增透效果,而从基础研究角度看,探究煤层卸压增透机理尤为重要,另一方面如何定量评价其非线性过程也是值得探讨的问题,分形作为一种有效的工具目前也得到了发展,因此结合煤与瓦斯共采建立定量评价增透效果的方法也是非常必要和有意义的。

1.2 国内外研究现状

煤与瓦斯共采中瓦斯渗流过程是复杂的,采场赋存地质条件、应力变化、变形移动、裂纹扩展及采场布置方式都会影响有效流通,关于采场瓦斯渗透理论的研究国内外学者已取得了一定进展。

1.2.1 采动中采场煤岩变形、移动规律研究

采动过程中伴随着围岩应力的调整,进一步破坏,而变形则向更远处传播。由直接顶老顶的垮落变形逐渐过渡到三带的变形,甚至地表的沉降塌陷;两侧及底板基本以侧鼓变形为主。煤与瓦斯共采中上覆煤岩层的变化、移动、破坏更是直接影响着采场整体的瓦斯流动分布,探究其变形规律对于了解煤层瓦斯解析及其流动具有指导意义。目前围岩的变形运动及其破裂规律已经开展大量的研究,但其主要目的仍是以采矿过程中维护巷道、指导支护为主要背景。随着采矿设备的研发,高产高效成为可能,但大范围扰动,也给支护带来难题,尤其是软岩支护。目前困扰生产安全的煤与瓦斯突出、瓦斯爆炸已经对矿工的生命财产安

全构成巨大挑战,尤其是近几年瓦斯灾害在地方矿井上造成巨大人员伤害与社会舆论效应。因此,有必要进一步整体回顾围岩变形规律的发展,并进一步开展围岩变形与瓦斯流动规律的研究,同时这也将是本书的研究重点之一。

1916 年,德国 K. Stoke 提出了悬臂梁假说,认为断裂的顶板可以简化成悬臂梁,如果断裂多个岩层,则可等效成组合悬臂梁,可以较好地解释支承压力的产生及周期来压发生的规律及原因,但是实测数据却相差甚远,更无法判断开采后上覆岩层的变形规律。1928 年,德国 W. Heck 和 G. Gillitzer 提出压力拱假说,认为顶板稳定需要两个支撑点,一个支撑点在工作面前方,一个在后方垮落区,此假说可以有效地解释采动前后方应力集中范围与卸压范围,未对变形、移动与破坏做任何有效解释。1938 年,多里斯与哥诺开展岩层塌陷问题研究时指出可以将岩层作用力简单地分解成两个力,法向力是驱动变形的主要力,由于其简化模型过于简单,其思想长期备受争议。但哥诺同时认为岩层不能简化成连续介质模型,其存在着明显的断裂现象,并给出了岩层断裂的方式。“高斯理论”进一步发展了梁模型,认为存在两个部分:下部为垮落带,上部为弯曲带,并给出了其垮落高度,综合了前两种观点。20 世纪 50 年代,苏联学者阿威尔辛等认为上覆岩层介质变形主要表现为塑性变形。同期苏联学者库兹涅佐夫提出铰接岩块假说,认为上覆岩层存在垮落带与规则移动带,其详细地分析了支架与围岩的相互作用,明确给出了上覆岩层的分带情况,但关于上覆岩层变形未给出讨论结果。同期还有比利时专家 A. 拉巴斯提出的预成裂隙假说,认为存在一个由裂隙导致的假塑性铰,裂隙可能为张开裂隙也可能为剪切裂隙,并将采场围岩应力分为三区:应力降低区、应力增高区与采动影响区,指出保证支架有足够的支撑力和工作阻力,可以有效地防止破断岩块间的相对滑移、张裂与离层。20 世纪 60 年代,波兰 Salustowicz 等人认为蠕变在岩层的变形过程中发挥主要作用,70 年代众多学者开展了加载作用下岩石流变行为研究。波兰学者利用解析方法研究了考虑角度的层状岩体的弹性、黏弹性及弹塑性解,并对其位移与应力分布开展了讨论。

国内,宋振骐院士提出了传递岩梁假说,指出岩梁运动的作用力无须支架全部承担,支架承担岩梁的作用力由对其移动的控制要求决定,其大小取决于支架对岩梁的抵抗,并认为存在两种受力形式“给定变形”和“限定变形”。但该假说未能从力学与变形角度给出足够的论证与分析。钱鸣高院士提出了采场上覆岩层“大结构”与采场支护“小结构”相结合的思路,进一步提出砌体梁理论,对压力有了更清新的判断，为采场矿压显现、预测预报提供了理论基础，并指出了“横三区”“纵三带”。其后又提出关键层假说，认为由于上覆煤岩层的刚度不同，其受力变形也各不相同。

综上所述，上述研究多是从力的角度来判定上覆岩层的破断情况，较少谈及变形问题，即使涉及也是从巷道维护变形角度分析，这与不同历史阶段人们的认识有关，因为过去主要还是以力学问题为主。

近几十年来国内不同学者也开展了关于上覆岩层变形问题的研究。

蒋宇静早期开展了基于弹性基础变形效应对上覆岩层随着工作面推进过程中裂断运动规律的研究[2]。靳钟铭等采用现场试验观测、数值仿真计算与建立理论模型相结合的方法对综放采场顶煤变形运动规律进行了研究[3,4]。于德海利用三维有限元数值仿真技术，以松树脚锡矿缓倾斜中厚氧化矿体为开采背景，基于超前切顶、护顶空场法的采矿方法，分析了采场围岩变形及其稳定性[5]。施祖龙等以谢桥矿三软煤层为研究对象，认为综放采场中沿空工作面巷道回采期间，其上覆岩层的活动规律不可测[6]。程元祥基于协庄煤矿煤 13 顶板地质赋存条件，考虑其坚硬致密性，采用材料力学与弹性力学相结合的方法求解了三种顶板结构条件：初次来压前、冒落顶板、悬顶下的垂直位移相对底板的特征，并进一步考虑了流变的影响[7]。任强主要考虑了采厚、煤层倾角和开采步距，但其基于 FLAC 给出的判断上覆岩层破裂带高度的依据值得商榷[8]。胡耀青等针对采场变形破坏的三维流固耦合模拟实验进行了研究[9]。陈庆发利用离散元与现场监测点相结合的方法，对中间巷道顶板下沉、底板底鼓进行了动态监测[10]。何忠明等考虑应变软化对地下采场开挖变形稳定性进行了分析[11]。尹文国等针对软岩采场停撤面期间围岩运动变形规律开展探讨[12]。刘培慧基于应力边界法对厚大矿体采场结构参数数值模拟优化研究[13]。刘欣从工程实际出发，重视理论与实践工程相结合，基于高围压条件下细观非均匀性岩石的变形局部化问题和全过程应力应变关系，引入岩石的分形特性[14]。朱涛开展了软煤层大采高综采采场围岩控制理论及技术研究，其考虑的变形问题主要是支架与围岩之间相互关系[15]。田维军根据相似模拟试验，指出岩层位移总体上呈现随工作面推进，上覆岩层沉降是动态变化的，沿工作面走向和沿高度方向沉降范围逐渐扩大[16]。张华磊基于弹性力学半无限体理论，采用附加应力计算方法建立了采场底板应力分布的力学模型及采动支承压力传播的力学模型[17]。尹光志依据相似模拟原则（图 1.1），指出受采动的影响，采空场附近顶底板围岩均有不同程度的变形,顶板岩层有不同程度的下沉,底板岩层有不同程度的隆起[18]。

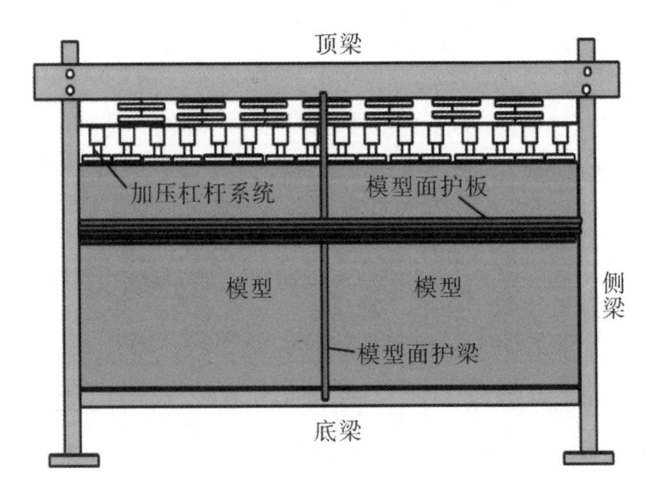

图 1.1　平面应力相似模拟试验架[18]

金怀涛研究了上覆煤层采动过程中,采场底板及底板巷道围岩变化特征,并优化分析了底板巷道的支护方案[19]。彭永贵等开展了坚硬顶板条件下采场巷道变形规律实测及分析研究[20]。王东旭以相似材料模拟实验技术为主要研究手段,借助全站仪、应变计和数码相机等仪器监测了模型围岩的变形、应力及破坏情况[21]。

另一方面,关于地表变形与上覆煤岩层垮落变形关系的研究,长期以来众多学者开展了大量的预计模型来计算地表沉降范围,主要关注的是沉降产生的地表沉陷带来的次生灾害。事实上,工作面推进过程中,由下到上的变形传递是有规律可循的:从现象上看,地下表现为巷道变形与煤岩层垮落,地上表现为塌陷,由于煤赋存深度较大,因此如何开展对上覆煤岩层的变形研究一直都是研究热点,由于矿井中空间的限制,众多学者开展了从巷道变形推算上覆岩层变形问题的研究。而地表的沉降亦可以反演下覆煤岩层的变形,因此本书将尝试从上往下探究变形,进一步推断瓦斯增透区域,为更合理地布置钻孔抽采煤层气资源提供指导。

早期关于地表沉陷问题的研究源于苏联学者对开采造成的建筑、交通及农田的破坏开始的。20 世纪 20 年代,提出几何开采损坏预计理论,主要代表人物有苏联的奇米茨、坎因霍斯特、巴尔斯等人。40 年代,阿维尔申推导出地表下沉盆地剖面方程和数学模型,并出版了《煤矿地下开采的岩层移动》专著,后期又提出岩层二次压缩理论，将地表下沉直接与岩体的物理力学性质联系起来，沙武斯托维奇用弹性基础梁理论解释岩层下沉，贝里基于各向同性弹性体提出计算岩体下沉的方法。50 年代，随机介质理论被引入到解释岩层的移动过程，并提出了随机介质力学方法，以波兰学者李特维尼申为代表[22-25]。

我国对开采沉陷研究工作始于60 年代，以刘宝琛、廖国华为代表，引入随机介质理论解决了地表移动的平面预计问题，随后又完善了概率积分法预计特殊地表地形问题体系，后来又成功解决了空间问题的地表移动预计空间问题、覆岩内移动问题与露天开采移动预计问题。随后两人合作完成专著《煤矿地表移动的基本规律》。范学理、麻凤海、李凤明、王泳嘉等认为偏态表达式“威布尔分布”和“τ 分布”适用于表达地表下沉剖面。麻凤海等提出矿山岩体采动影响与控制工程学。刘夕才等认为在岩体开采沉陷中存在结构效应。郭广礼等提出与发展了岩层移动的位错理论。上岳武将托板理论应用于条带开采覆岩破坏中。同时，地表沉陷的预计方法也得到发展，目前常用的方法主要有经验公式法、概率积分法（基于随机介质理论）、影响函数法、连续介质力学方法、数值计算方法及相似材料模拟方法。经验公式法即根据大量的实测资料总结分析出符合当地地质的函数或者曲线来预测地表下沉。主要包括剖面函数法、典型曲线法。二者的基本原理是相同的，都是根据采动影响下地表下沉盆地的剖面形状，然后表达出预计点位置和地表下沉的关系，不同的剖面函数法的表达式是基于剖面函数，而典型曲线则是通过表格或者诺谟图来表达。此方法的缺陷是要基于大量的现场观测资料，实时更新资料数据，但其精度目前也是最高。概率积分法通过几十年的发展，目前已经成为国内较为成熟、应用最广泛的预计方法，这与其理论体系完善，基础夯实经得住考验具有直接关系[26-32]。影响函数法在德国得到了充分发展，其基于假设：地下面积的开采对地表任意一点的影响与地表点距面积的水平距离相关，是一种介于理论与经验之间的一种方法。连续介质力学方法是将上覆岩层假设为连续体，按照弹性理论、塑性理论、黏弹塑性理论、断裂力学等计算岩层移动和变形过程，优点是力学概念清晰，但直接将其简化成连续体存在先天弊端，另外其数学偏微分方程求解困难。基于此，数值方法通常会被快速建立数学模型而得到快速发展，目前主要有有限单元法、离散元法、有限差分法等。国内谢和平、周宏伟[33]曾尝试将有限差分方法应用于煤矿开采引起的沉陷变形和预测，但是结合具体煤矿，如何选择屈服准则将取决于具体经验水平。

相似材料模拟方法是基于相似模拟实验,根据相似原理,将矿山开采地质背景再现实验室中,模拟煤矿开采中的上覆岩层移动和破坏情况,然后反演到实际的矿井开采中,是目前矿山研究的主要方法,同时其在开采沉陷预计研究中也得到充分发展与应用[34-40]。

1.2.2 采场裂隙产生机理及分布特征

裂隙是瓦斯流通的通道及存储空间,其产生机理、联通特性及分布特征直接影响瓦斯的增透效果,具体研究进展有如下几个方面。

蒋金泉等认为上覆采场的变形是复杂的,其不协调变形的原因主要是由于上覆煤岩层围岩的应力重新分布导致的,应力变化产生材料裂纹的动态扩展,随着采面的移动而前移[41]。杨栋等指出突水的产生是与裂隙发育及其导通具有直接的关系。其产生的原因是应力重分布、裂隙发育导通、水力相互耦合作用导致的[42]。李树刚等认为多重关键层的存在将会导致主关键层下部产生变形的间断,亚关键层的存在可能是连续与非连续产生的原因(图 1.2)[43]。

方新秋研制了六种不同的相似模拟模型,可以考虑不同的因素:直接顶裂隙、块体构造、老顶失稳方式等,最后指出拉伸与剪切破坏耦合是上覆岩层裂隙扩展的主要形式[44]。靳钟铭等给出了支承压力的计算表达式,并计算了压裂区范围[45]。侯忠杰对采场老顶垮落带与裂隙带的演化判别给出了公式推导,指出是否进入裂隙带的理论判别公式是老顶分层厚度大于自由空间高度的 1.5 倍[46]。刘泽功利用相似模拟试验研究采空区顶板裂隙特征分布及其力学机理,分析了受采动影响的开采煤层上覆岩层冒落移动特征及岩层裂隙形成机理[47]。孙凯民等利用 RFPA 及相似模拟试验研究采场覆岩裂隙用来优化采空区瓦斯抽放参数,分析采空区顶板产生裂隙、断裂、冒落和离层情况及变化规律[48]。张玉军等利用钻孔彩色电视系统,对煤矿采动覆岩裂缝带范围内的钻孔裂隙的分布形态进行了探测(图 1.3)[49]。

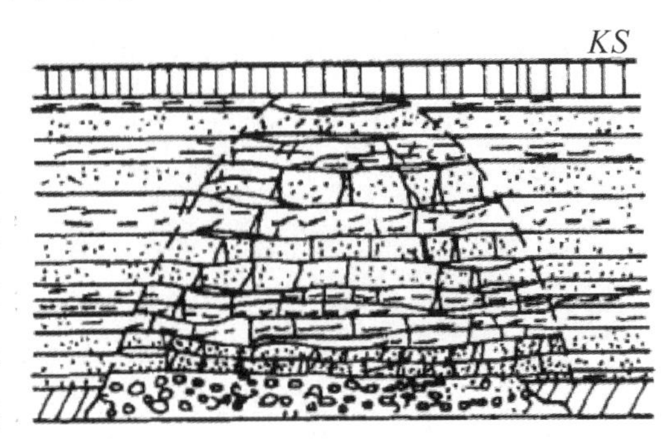

图 1.2　覆岩采动裂隙带分布[43]

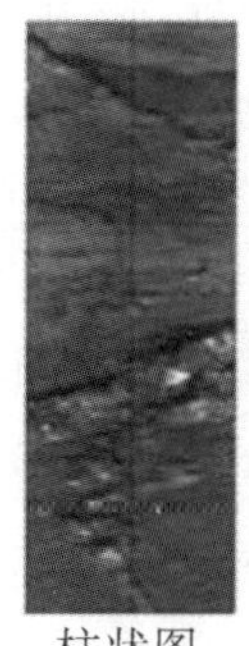
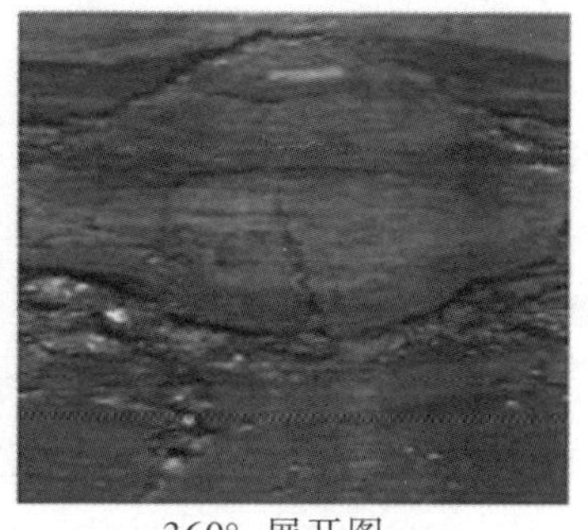

图 1.3 钻孔裂隙分布与三维裂隙网络模型[49]

黄炳香等开展了采场顶板尖灭隐伏逆断层区导水裂隙发育特征研究，指出在断层尖灭点附近，导水裂隙在高度方向停止发展，完整岩层对构造导水裂隙竖向扩展有阻隔作用[50]。曾强等指出煤田火区煤层燃烧后形成的裂隙分带与煤层开采类似，裂隙是火区供氧与烟气逸散的物理通道[51]。刘金海等利用数值计算方法研究了 C 型采场支承压力分布特征，指出垂直应力分布呈"C"形，峰值位于工作面上、下角落的深部[52]。贺桂成等采用 RFPA 数值软件，建立 AMFIS 模型，对具有不同结构参数和采空区高度采场的导水裂隙带发育高度进行了模拟[53]。师皓宇等研究了采场底板岩体裂隙发育深度的影响因素敏感性，指出底板突水实际上是水压驱动下岩层裂纹萌生、扩展、贯通，直到最后断裂导致失稳破裂的过程[54]。张胜等研究了综放采场支承压力对覆岩裂隙发育规律的影响机理研究[55]。孟攀等利用祁南矿地质为背景，通过数值模拟分析裂隙带为距煤层顶板 12 ~ 44m 的岩层区域[56]。袁本庆对近距离厚煤层采场底板岩体应力分布及采动裂隙演化规律进行了研究。根据开采方式的不同，对底板岩体进行了竖向分带[57]。

1.2.3 采动卸压诱发含瓦斯煤体及采场增透机理

长期以来，众多试验都是集中于煤岩体的本征材料行为研究上，后期认识到卸压产生的煤岩体力学响应才是破坏的主要原因，但如何卸压及其定量分析始终没有给出理论依据。目前关于卸压诱发瓦斯增透的主要进展有如下几个方面。

林海飞通过相似模拟试验与数值仿真试验开展研究，认为覆岩破裂与离层的产生发展不同步，采动裂隙带是瓦斯运移的通道，是流场、力场与浓度场的多场耦合动态体系[58]。毕业武对上下被保护层卸压增透机理的研究，指出上被保护层产生的裂隙明显要多于下被保护层[59]。李忠华认为煤的强度和弹性模量都随瓦斯含量的增加而降低；游离瓦斯对煤体变形破坏的影响是通过孔隙压力作为体积力而作用的，而瓦斯压力存在一个临界值[60]。魏磊对下保护层开采覆岩破断移动特性理论分析表明，被保护层产生大量的层内破断裂缝和层间裂隙，从而增大了煤层透气性[61]。涂敏指出峰前煤岩的气体渗透率与围压近似呈线性关系；在峰后岩石裂隙扩展处于稳定状态后逐渐加围压，气体渗透率近似为线性下降；在峰后卸载阶段，岩石裂隙的张开度和联通程度随变形扩展而逐渐提高，裂隙渗流通道发育形成，使渗透能力达到峰值，随后进入应变软化阶段，裂隙产生一定程度的闭合，使渗透率有所下降[62]。张树川开展了对瓦斯赋存与流动理论和保护层的保护作用机理等方面的研究[63]。翟成提出了"底板导气裂隙带"的概念，由于"底板导气裂隙带"的存在，下部煤层的透气性将以成百上千倍地提高，下部卸压瓦斯将沿着裂隙通过扩散和渗流的方式进入上部采掘作业空间[64]。肖应祺指出在爆炸的作用下，煤体进一步扩大卸压范围，并且成倍增加了煤层的透气性[65]。

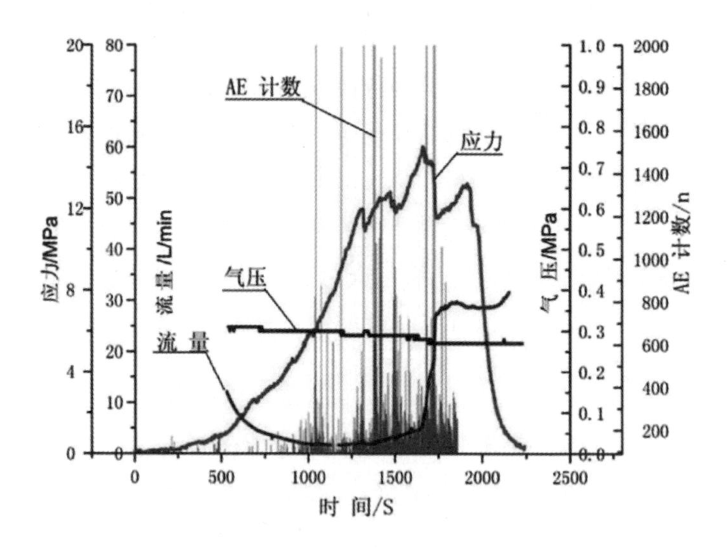

图 1.4　应力－应变－声发射－气体压力－渗流速度关系曲线[66]

王文利用煤－气耦合试验系统对平顶山矿区的丁、戊组煤岩进行了平面应变固－气耦合试验[66]（图 1.4）。王亮认为保护层工作面采空区内的瓦斯将在浮力作用下沿采动垮落带裂隙通道上升和扩散，使断裂带成为瓦斯聚集带[67]。

林海飞得到了采动裂隙带中卸压瓦斯运移的数学模型[68]。余陶依据煤体渗透率与有效应力之间的关系,理论分析了钻孔周围煤体应力分布与渗透性变化关系[69]。刘洪永在 COMSOL Multiphysics 多物理场耦合软件平台上,构建了以平面应变和通用 PDE 模式组成的采动煤岩变形与瓦斯流动气固耦合数值计算方法[70]。王磊认为采动应力是影响煤层透气性的关键因素,煤体的扩容阶段瓦斯压力不稳定,瓦斯渗透易发生突变[71]。邵太升认为上保护层开采后,对其下伏煤、岩层将产生明显的卸压释放作用,主要表现为应力释放和发生膨胀变形两方面[72]。黄振华以保护层开采的卸压流动理论为基础,建立了考虑煤层孔隙率与低渗透煤层渗透率动态变化的多煤层下保护层开采的固气动态耦合模型[73]。高明松研究了煤层底板岩体破坏规律及裂隙发育特征,沿工作面推进方向按照瓦斯渗流能力的不同可将底板分为四区[74]。李成伟针对周期来压时煤壁前方裂隙扩展导致透气性发生变化的机理分别从侧压系数及冲击应力波两个方面进行阐述分析[75]。刘洪永研究了瓦斯压力对采动煤岩体卸压变形及渗透率的影响(图 1.5)[76]。

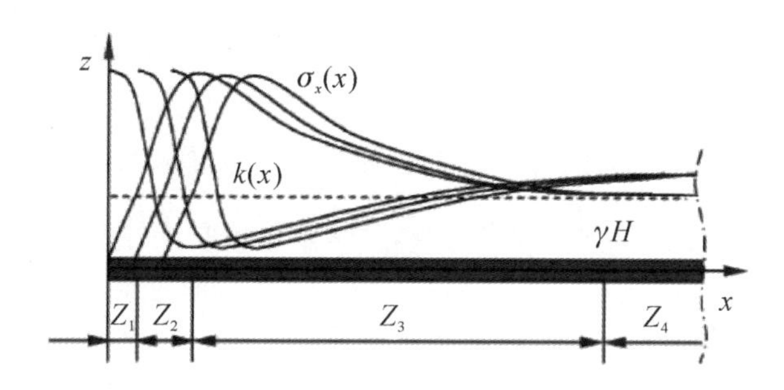

图 1.5 采面前方煤岩体支承压力与渗透率关系分布[76]

1.2.4 研究进展评述

综上所述,国内外学者针对煤与瓦斯共采开展了大量工作,取得了较多科研成果,但以下研究问题仍亟待解决:

(1)对工作面回采过程中煤岩体经历的采动应力响应认识模糊。理论上关于支承压力的规律及其分布特征得到了普遍认可,但是处于三维空间下的煤岩体其水平应力一直没有充分重视,尤其在深部水平应力处于主导地位的情况下。实验上室内三轴 MTS 试验多是集中于材料力学特性的研究,而加卸载试验方案仅仅卸围压,无法考虑工作面前方煤岩体经历的采动力学行为。

(2)保护层开采中被保护层乃至采场的增透效果定量评价理论研究不足。保护层开采方式已经在我国煤矿生产中产生了巨大的经济效益,尤其在淮南矿区的成功应用不但延长了煤矿生产寿命,而且大大降低了瓦斯危害风险,同时提高了煤层气资源的开采效率。但在不同地质条件,不同矿区保护层开采定量评价其增透效果一直都是研究的热点与难点,缺乏相关理论依据。

(3)裂纹的长度、开度、空间分布及粗糙特性直接影响瓦斯渗透率,而基于裂纹直接建立裂纹参数 - 渗透率关系的研究不足。事实上,由于裂纹完备的定量描述存在困难从而导致难以直接建立理论关系,笔者基于煤气耦合试验发现了体积应变 - 渗透率关系,将会为建立裂纹 - 渗透率关系提供有效的理论支持。

1.3 研究内容和技术路线

煤与瓦斯共采中的相关问题研究,主要集中在对煤岩力学特性、采动应力状态、裂纹扩展规律及渗透分布、增透机理等方面进行研究,基本研究方法是结合室内试验、数值模拟与理论推导等相关信息,而如何有机地将这三者互相结合、互相验证是研究的关键。我国煤层富含区域广、煤岩力学特性差异大、渗透率低,物理力学特性等与国外的煤层气开采所要求的物理特性有较大差异,故不能直接借用或套搬国外已有研究成果。本书研究在借鉴国内外已有煤岩力学、渗流理论及耦合试验的基础上,通过相似模拟试验、三轴力学试验、采动力学试验等试验,结合数值仿真分析,并利用非线性分析工具分形等多种研究手段,对保护层开采条件下被保护层、采动工作面前方煤岩体乃至全场的渗透分布规律、裂纹扩展演化、增透机理进行系统的分析研究。主要研究内容如下:

(1)结合室内三轴 MTS 煤岩采动力学实验,开展 3 种不同开采条件下(保护层、放顶煤、无煤柱)煤岩体采动力学行为研究。首先建立含孔隙裂隙的圆柱煤岩体的三轴受力力学模型并推导体积应变表达式,结合淮南张集煤矿具体地质背景,对比室内三轴力学实验验证理论结果的可靠性。利用有限差分软件 FLAC 仿真 3 种不同开采条件下的支承压力及其水平应力特征,建立其理论表达式,结合室内应力 - 应变 - 渗透耦合实验,通过理论推导求出 3 种不同开采条件下工作面前方煤岩体的渗透率分布规律。

(2)理论上结合室内保护层开采相似模拟试验,基于概率积分法,推导半无限开采积分模型的岩体内部位移表达式,通过将理论推导曲线与试验曲线对比验证理论结果的正确性。同时推导内部场应变方程,并给出体积应变表达式,结合煤岩试件全应力-应变过程中的渗透率变化曲线,得到被保护层的体积应变沿沉降变化范围趋势,由此可以建立开采保护层影响被保护层卸压增透效果评价的理论模型,可以定量评价其增透区间范围与效果。

(3)通过在相似模拟试验表面标记位置,同时利用数码相机不间断对标记点进行连续监控,随着工作面开挖推进,标记点的位置将会实时发生变化,捕捉其动态变化过程。后期用 Matlab 软件处理图片颜色便于提取标记点像素位置信息,将图片二值化,然后根据局部区域像素的坐标平均值断定其坐标信息。将每副动态图片相邻 4 个标记点的位置所围成的四边形面积计算出来,根据体积应变公式即可得出体积应变的实时变化过程与相对体积应变的实时变化过程。结合室内应力-应变-渗透耦合实验,建立体积应变与渗透系数的数学模型。将其反演到相似模拟试验,即可得到全场区域的渗透系数分布图及其动态演化规律。

(4)利用含瓦斯煤热流固耦合三轴伺服渗流装置开展煤气耦合渗透试验,根据 3 种不同开采条件下工作面前方煤岩体支承压力与水平应力的采动应力特征,结合河南平顶山八矿地质背景,同时开展裂纹扩展下瓦斯渗流耦合试验,总结煤岩体采动力学特征下瓦斯渗流耦合规律。

(5)逾渗理论是处理强无序和随机几何结构的最好方法之一,它可以应用到广泛的物理现象和有关学科问题中去。自然界中的大部分自然形态是处于无序的、不稳定的、非平衡的和随机的状态中,存在着无数的非线性过程。在一定长度和时间标度下,自相似的无序结构和随机结构在自然界中是很普遍的,描述它们的标度可以取得很大,也可以取得很小。而在岩体中存在着小尺度的微裂纹、微孔隙,也存在着大尺度的节理、裂隙、断裂结构等。在采动岩体中,随着开采的进行,由于岩层移动,原有裂隙等缺陷破裂扩展形成众多分布复杂的采动裂隙。在采动裂隙形成过程中,岩石破裂时所发生的微裂隙产生、扩展、丛集、贯通的过程,实质上是一个长程联结性(相变)突然出现的过程,逾渗模型研究的正是随着联结程度的变化而发生的长程联结性的突变问题,因而岩石裂隙分布与破裂演化问题非常适于采用逾渗理论来描述。

2 工作面采动煤岩增透机理研究

研究工作面前方煤岩体瓦斯渗透率分布对合理抽采瓦斯具有技术指导意义。通过简化孔隙、裂隙等效力学模型,建立标准圆柱煤岩体试件的等效力学模型,推导含单一裂隙的纯煤岩试样等效轴向、径向与体积应变,并推广应用到含多种裂隙的多种介质组合结构,通过试验验证理论力学模型具有较好的可靠性。以淮南张集矿 11 -2 煤层工作面回采为原型,通过数值计算得到三种不同开采的支承压力峰值集中系数,并推导出支承压力与水平应力分布表达式,其能综合考虑开采条件、影响范围与采动卸压产生的体积膨胀变形。建立体积应变与渗透率之间的多项式关系式,并给出采动条件下不同开采方式下的体积应变分布曲线与渗透率分布曲线,根据其各阶段的特征差异划分为不同的阶段,为工作面抽采瓦斯提供了理论依据。

2.1 引言

煤与瓦斯共采中安全要素是关键,技术是前提,理论是基础与支持。目前在煤矿生产安全中先抽后采等综合治理瓦斯技术已经得到普遍应用,生产实践证明其可有效地预防瓦斯爆炸、煤与瓦斯突出与瓦斯浓度极限超标等灾害。但目前技术一直集中于钻孔卸压、钻孔解析瓦斯的思路,长期以来未有较大突破,终究原因是理论基础薄弱,从未系统地阐述增透的本质、机理其过程,缺少长期发展的理论支持[77-79]。首当其冲就是工作面作业安全,以工作面为代表研究增透理论具有典型性。国内众多学者不仅开展了“三带”的划分研究,也开展了工作面前方煤岩体“三区”的划分研究,从变形角度看存在弹性区、塑性区与破裂区;从支承压力看工作面推进方向依次为降压区、升压区与原始应力区。陈忠辉[80]基于统计损伤力学提出了一个简单的力学模型,其主要研究综放开采条件下工作面前方给定变形条件下的支承压力分布规律。王同旭[81]结合雷达探测与数值仿真手段探索了孤岛工作面侧向支承压力变化规律,包括高峰位置及应力下降区范围,及沿倾斜方向塑性破坏区发育规律。浦海[82]等利用数值软件 RFPA 再现了综放开采过程中冒落带的形成过程,并基于岩层控制的关键层理论研究了采动覆岩的破断垮落规律及综放采空区的支承压力动态分布规律。李树刚[83]认为工作面前方煤岩体的应力状态直接影响着采场卸压瓦斯的流动。谢广祥[84]综合分析了煤厚与倾角,基于弹塑性极限平衡理论,推导了综放面倾向煤柱支承压力峰值位置计算公式。史红[85]等基于微地震监测建立覆岩空间结构下的采场倾向支承压力计算模型。刘金海[86]等采用冲击地压实时监测预警系统现场研究深井特厚煤层综放工作面支承压力分布特征。事实上,工作面是不断向前推进的,其扰动过程是剧烈的,前方煤岩体经历的历程是不断循环的,并非材料本身的力学本质行为,而更多体现了材料响应行为即采动力学行为。

上述研究多以静态角度来判断整体趋势,较少涉及采动力学行为解释煤岩体的应力状态特征,而针对三区的划分如何有效地指导瓦斯抽采钻孔的布置与深度,如何根据前方煤岩体的真实应力状态定量判断其变形与瓦斯解析增透效果的研究还较少。可见综合定量考虑煤岩体真实采动应力环境与煤岩体变形产生裂隙及瓦斯解析增透机理尤为重要。从资源节约开采、高强集约开采与绿色安全开采分别探究了无煤柱、放顶煤与保护层 3 种不同开采条件下采动煤岩体应力分布特征,并考虑到真实煤层横观各向同性力学特性,将其具体结合煤岩体的实际赋存特征(倾角),基于圆柱体试件,推导了含孔 - 裂隙的煤岩体在三相应力状态下的变形公式,包括轴向应变公式、径向应变公式与体积应变公式,通过室内假三轴试验验证了理论模型的合理性与正确性。同时利用数值仿真软件 FLAC 根据工程地质背景研究了无煤柱、放顶煤与保护层开采 3 种典型工作面前方煤岩体的采动应力环境,结合应力 - 瓦斯渗透试验,得到工作面前方瓦斯增透效果分布,为不同开采方式下煤与瓦斯共采提供基础理论支持。

2.2 假三轴应力状态下煤岩体变形理论模型

作为沉积岩煤岩层具有倾向走向倾角,其是由沉积与地质构造运动造成的,煤层层理方向的作用力并非平行于上覆岩层压力,因此无论从煤岩的横观各向同性考虑、还是从支承压力的作用方向考虑,都需要考虑方向的差异性,即从实验室内真实还原煤岩体实际赋存地质环境研究煤岩体变形更具有工程指导意义。另一方面煤岩体受力状态复杂导致其本身孔隙裂隙结构发育,而反过来影响其力学性质,造成不均匀性及局部各向异性。孔隙裂隙结构并不存在严格的界限,相反而是相互贯通的,为研究方便这里假设理想的孔隙模型与裂隙模型,即认为裂隙是较大尺寸的贯穿结构大部的缺陷,孔隙为包含与内部的较小尺度的较封闭的缺陷,如图 2.1 所示。因此建立孔隙等效模型(图 2.2a),即孔隙形状统一为圆球状,煤岩整体孔隙率不变;建立裂隙等效模型(图 2.2b),忽略其界面粗糙特性差异,其主要长度尺寸不变,其厚度方向考虑成等效介质。孔隙模型材料为各向同性,裂隙模型材料为莫尔库仑,基体材料为横观各向同性。

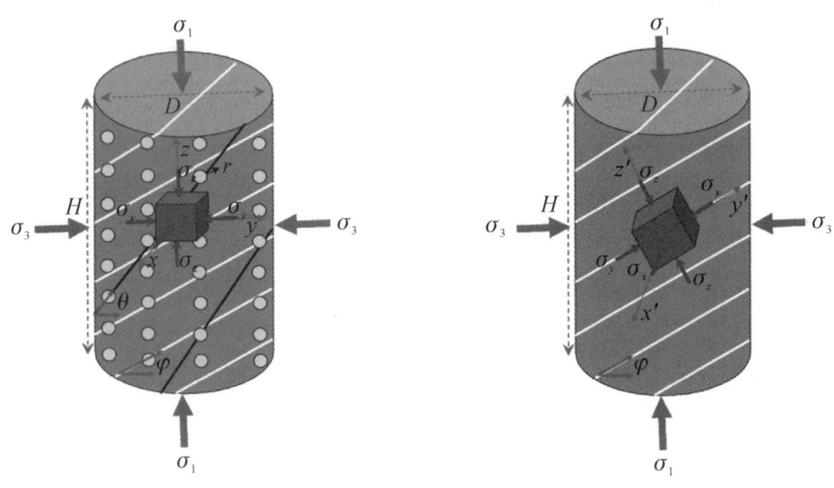

a. 含平行于主应力方向立方体单元　　b. 含平行于层理方向立方体单元

图 2.1　煤岩体等效力学模型

a. 等效孔隙模型

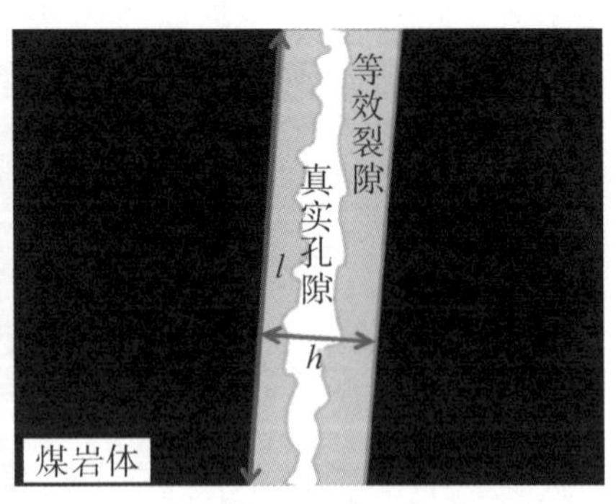

b. 等效裂隙模型

图 2.2　等效孔隙裂隙平面模型

浅部煤岩受力以上覆岩层重力为主,较深处由于构造应力较大而以水平应力为主,而处在深部的煤岩体基本处于塑性流动状态,以静水压力状态为主,因此无论选取研究单元为何种形状,其应力状态均为静水压力状态,也不受限于坐标系地建立。为了求解方便,将三维问题简化为二维问题,这里假设垂直方向应变为零。建立圆盘状的平面应变模型(如图 2.3),以圆心为坐标原点建立极坐标系,设圆盘直径为 D ,即半径 $b = D/2$,在弹塑性力学中含孔圆盘解析解较易求得,因此这里假设圆孔半径为 a ($a < b$),并且应力对称分布,设应力函数与极角无关,即可得到径向应力与切向应力表达式[87]

$$\sigma_r = \frac{a^2 b^2}{b^2 - a^2} \cdot \frac{\sigma'_3 - \sigma_3}{r^2} + \frac{a^2 \sigma'_3 - b^2 \sigma_3}{b^2 - a^2} \tag{2-1}$$

$$\sigma_\theta = \frac{a^2 b^2}{a^2 - b^2} \cdot \frac{\sigma'_3 - \sigma_3}{r^2} + \frac{a^2 \sigma'_3 - b^2 \sigma_3}{b^2 - a^2} \tag{2-2}$$

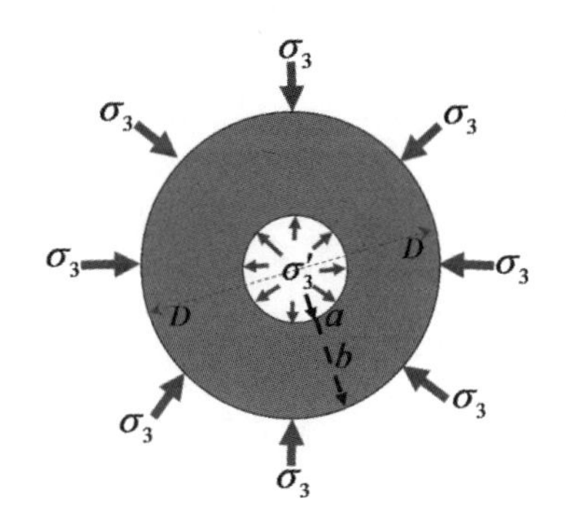

图 2.3　简化平面力学模型

将圆孔半径取极限 0 即为实心圆盘,同时内部不存在外载荷,即满足 $\sigma'_3 = 0$ 与 $a = 0$,代入上式,得:

$$\sigma_r = \sigma_\theta' = \sigma_3 \tag{2-3}$$

由此无论是何种坐标系,单元体的受力特征均表现为静水压力状态,垂直方向应力为 σ_1 ,如图 2.1a 所示,建立三维笛卡尔坐标系 xyz , z 坐标轴平行煤岩体柱体轴线,垂直两端,并在 xyz 坐标中取煤岩体立方体单元,其方向平行于坐标系方向,同时建立极坐标系, z 坐标轴与笛卡尔坐标系相同。根据坐标转换公式及 σ_1 不变性,可推导出笛卡尔坐标系与极坐标系中应力分量关系:

$$\begin{cases} \sigma_x = \sigma_\theta{}'\sin^2\theta' + \sigma_r\cos^2\theta' - 2\sigma_{r\theta'}\sin\theta'\cos\theta' \\ \sigma_{xy} = -\sigma_\theta{}'\sin\theta'\cos\theta' + \sigma_r\sin\theta'\cos\theta' - \sigma_{r\theta'}\sin^2\theta' + \sigma_{r\theta'}\cos^2\theta' \\ \sigma_y = \sigma_\theta{}'\cos^2\theta' + \sigma_r\sin^2\theta' + 2\sigma_{r\theta'}\sin\theta'\cos\theta' \end{cases} \tag{2-4}$$

将式2-3代入式2-4中,求得在 xyz 坐标系下煤岩立方体单元应力状态为

$$[\sigma] = \begin{bmatrix} \sigma_3 & 0 & 0 \\ 0 & \sigma_3 & 0 \\ 0 & 0 & \sigma_1 \end{bmatrix} \tag{2-5}$$

由于两个空间坐标系 x 轴方向一致,因此 $x'y'z'$ 空间立方体单元(图2.1b)应力状态为

$$[\sigma'] = [T][\sigma][T]^{-1} \tag{2-6}$$

式中, $[T] = \begin{bmatrix} 1 & 0 & 0 \\ 0 & \cos\varphi & \sin\varphi \\ 0 & -\sin\varphi & \cos\varphi \end{bmatrix}$ 为坐标转换公式, $[T]^{-1} = \begin{bmatrix} 1 & 0 & 0 \\ 0 & \cos\varphi & -\sin\varphi \\ 0 & \sin\varphi & \cos\varphi \end{bmatrix}$ 为其逆矩阵,代入可求得

$$[\sigma'] = \begin{bmatrix} \sigma_3 & 0 & 0 \\ 0 & \sigma_1\sin^2\varphi + \sigma_3\cos^2\varphi & (\sigma_1 - \sigma_3)\sin\varphi\cos\varphi \\ 0 & (\sigma_1 - \sigma_3)\sin\varphi\cos\varphi & \sigma_1\cos^2\varphi + \sigma_3\sin^2\varphi \end{bmatrix} \tag{2-7}$$

横观各向同性材料模型的参数可以简化为5个,其中, $E_x{}'$ 为 x' 方向的变形模量, $v_{x'y'}$ 为泊松比, $E_z{}'$ 为 z' 方向的变形模量, $v_z{}'$ 为泊松比, G' 为 x' 轴垂直平面内的剪切模量,根据广义虎克定律,则其材料本构方程(忽略切应变)可表示为

$$\begin{Bmatrix} \varepsilon_x{}' \\ \varepsilon_y{}' \\ \varepsilon_z{}' \end{Bmatrix} = \begin{bmatrix} 1/E_x{}' & -v_{x'y'}/E_{x'} & -v_z{}'/E_z{}' \\ -v_{x'y'}/E_x{}' & 1/E_{x'} & -v_z{}'/E_z{}' \\ -v_z{}'/E_z{}' & -v_z{}'/E_z{}' & 1/E_z{}' \end{bmatrix} \begin{Bmatrix} \sigma_x{}' \\ \sigma_y{}' \\ \sigma_z{}' \end{Bmatrix} \tag{2-8}$$

将其分解转换到 xyz 坐标系中

$$\begin{Bmatrix}\varepsilon_x\\\varepsilon_y\\\varepsilon_z\end{Bmatrix}=\begin{bmatrix}1 & 0 & 0\\0 & \cos\varphi & \sin\varphi\\0 & \sin\varphi & \cos\varphi\end{bmatrix}\begin{Bmatrix}\varepsilon_x{}'\\\varepsilon_y{}'\\\varepsilon_z{}'\end{Bmatrix} \tag{2-9}$$

以上为煤岩基体材料特性,裂隙假设成摩尔库仑材料模型,首先考虑一条裂隙的影响,假设其参数,其中 k_n 为法向刚度, $k_{s//}$ 为切向垂直于裂隙角度刚度,则由屈服准则得

$$\begin{cases}\sigma_n=\sigma_1\cos^2\theta+\sigma_3\sin^2\theta\\\tau_{s//}=(\sigma_1-\sigma_3)\sin\theta\cos\theta\\\tau_{s\perp}=0\end{cases} \tag{2-10}$$

因此垂直于裂隙角度切应力分量为零,则其法向应变与切向应变分别为

$$\begin{cases}\varepsilon_n=\sigma_n/k_n\\\varepsilon_{s//}=\tau_{s//}/k_{s//}\end{cases} \tag{2-11}$$

将其分解叠加求解,可得单一裂隙在笛卡尔坐标系中的应变分量为

$$\begin{cases}\varepsilon_{\tau x}=0\\\varepsilon_{\tau y}=\cos^2\theta\sin\theta\dfrac{k_{s//}-k_n}{k_{s//}k_n}\sigma_1+\left(\dfrac{\sin^2\theta}{k_n}+\dfrac{\cos^2\theta}{k_{s//}}\right)\sin\theta\sigma_3\\\varepsilon_{\tau z}=\left(\dfrac{\cos^2\theta}{k_n}+\dfrac{\sin^2\theta}{k_{s//}}\right)\cos\theta\sigma_1+\sin^2\theta\cos\theta\dfrac{k_{s//}-k_n}{k_{s//}k_n}\sigma_3\end{cases} \tag{2-12}$$

进一步考虑孔隙材料介质的影响,孔隙不含介质,事实上为一空隙,但由于孔隙的存在影响了其周边包围孔隙的煤岩体基质的整体受力特征。因此假设将包含孔隙影响范围内的煤岩体基质作为孔隙一部分,作为各向同性弹性介质材料,如果其弹性模量为 E_φ ,则 xyz 坐标系中各应变分量为

$$\begin{cases}\varepsilon_{\varphi x}=(\sigma_3-\nu_\varphi\sigma_1-\nu_\varphi\sigma_3)/E_\varphi\\\varepsilon_{\varphi y}=(\sigma_3-\nu_\varphi\sigma_1-\nu_\varphi\sigma_3)/E_\varphi\\\varepsilon_{\varphi z}=(\sigma_1-2\nu_\varphi\sigma_3)/E_\varphi\end{cases} \tag{2-13}$$

取煤岩体整体高度 H ,直径 D ,含 n 组裂隙,单条裂隙宽度 h_i ,长度 $l_i=D/\cos\theta_i$,孔隙率为 φ ,孔隙等效球半径为 r ,若孔隙平均分布整个体积,可得沿轴向平均孔隙个数为 $H\varphi/2r$,沿径向平均孔隙个数为 $D\varphi/2r$,联立式(2-13)与式(2-14),故沿 x 方向(径向)孔隙总位移 $\delta_{\varphi x}$ 、沿 y 方向(径向)孔隙总位移 $\delta_{\varphi y}$

与沿 z 方向(径向)煤岩孔隙总位移 $\delta_{\varphi z}$ 分别为

$$\begin{cases}\delta_{\varphi x} = D\varphi\varepsilon_{\varphi x} \\ \delta_{\varphi y} = D\varphi\varepsilon_{\varphi y} \\ \delta_{\varphi z} = H\varphi\varepsilon_{\varphi z}\end{cases} \tag{2-14}$$

多组裂隙沿 x 方向(径向)总位移 $\delta_{\tau x}$、沿 y 方向(径向)总位移 $\delta_{\tau y}$ 与沿 z 方向(径向)煤岩总位移 $\delta_{\tau z}$ 分别为

$$\begin{cases}\delta_{\tau x} = 0 \\ \delta_{\tau y} = \sum_{i=1}^{n}\left\{\cos^2\theta_i\sin\theta_i\dfrac{k_{is//}h_i - k_{in}l_i}{k_{is//}k_{in}}\sigma_1 + \left(\dfrac{h_i\sin^2\theta_i}{k_{in}} + \dfrac{l_i\cos^2\theta_i}{k_{is//}}\right)\sin\theta_i\sigma_3\right\} \\ \delta_{\tau z} = \sum_{i=1}^{n}\left\{\left(\dfrac{h_i\cos^2\theta_i}{k_{in}} + \dfrac{l_i\sin^2\theta_i}{2k_{is//}}\right)\cos\theta_i\sigma_1 + \sin^2\theta_i\cos\theta_i\dfrac{2k_{is//}h_i - k_{in}l_i}{2k_{is//}k_{in}}\sigma_3\right\}\end{cases} \tag{2-15}$$

煤岩基质沿 x 方向(径向)总位移 δ_{ox}、沿 y 方向(径向)总位移 δ_{oy} 与沿 z 方向(径向)煤岩总位移 δ_{oz} 分别为

$$\begin{cases}\delta_{ox} = \varepsilon_x\left(D - D\varphi - \sum_{i=1}^{n}\dfrac{h_i}{\sin\theta_i}\right) \\ \delta_{oy} = \varepsilon_y\left(D - D\varphi - \sum_{i=1}^{n}\dfrac{h_i}{\sin\theta_i}\right) \\ \delta_{oz} = \varepsilon_z\left(H - H\varphi - \sum_{i=1}^{n}\dfrac{h_i}{\cos\theta_i}\right)\end{cases} \tag{2-16}$$

因此煤岩体整体沿 x 方向(径向)总位移 $\tilde{\delta}_x$、沿 y 方向(径向)总位移 $\tilde{\delta}_y$ 与沿 z 方向(径向)煤岩总位移 $\tilde{\delta}_z$ 分别为

$$\begin{cases}\tilde{\delta}_x = \delta_{\varphi x} + \delta_{\tau x} + \delta_{ox} \\ \tilde{\delta}_y = \delta_{\varphi y} + \delta_{\tau y} + \delta_{oy} \\ \tilde{\delta}_z = \delta_{\varphi z} + \delta_{\tau z} + \delta_{oz}\end{cases} \tag{2-17}$$

从而可得到等效模型的沿 x 方向(径向)等效应变 $\tilde{\varepsilon}_x$、沿 y 方向(径向)等效应变 $\tilde{\varepsilon}_y$ 与沿 z 方向(径向)等效应变 $\tilde{\varepsilon}_z$ 分别为

$$\begin{cases} \tilde{\varepsilon}_x = \tilde{\delta}_x / D \\ \tilde{\varepsilon}_y = \tilde{\delta}_y / D \\ \tilde{\varepsilon}_z = \tilde{\delta}_z / H \end{cases} \tag{2-18}$$

因此等效体积应变为

$$\tilde{\varepsilon}_V = \tilde{\varepsilon}_x + \tilde{\varepsilon}_y + \tilde{\varepsilon}_z \tag{2-19}$$

2.3 理论与试验对比分析

煤岩岩样取自淮南张集煤矿 11－2 煤层 1122(1)工作面，工作面标高－700.9～－663.5m，煤层产状为 150°～180°<4°～7°，以块状及粉末状为主，内生裂隙发育，11－2 煤层瓦斯相对涌出量为(6～8)m^3/t，瓦斯含量较高，瓦斯压力为 0.5～3MPa，根据《防治煤与瓦斯突出规定》(2009)界定为瓦斯突出危险区。由于从工作面处取得为大煤块，需加工成所需标准圆柱状试件(Φ50mm×H100mm)。同时加工时考虑煤层层理与垂直应力角度，则层理角度为 7°，如图 2.4所示。试样长度 10.4cm，截面面积 19.63cm^2，表观体积204.15cm^3，岩样干重 269.2g，密度 1.32g/cm^3。考虑应力与瓦斯的耦合效应，开展全应力应变过程渗透试验：将试样放在三轴压力室中并固定住，采用位移加载的方式施加轴压，速率为 0.1mm/min，围压保持设定为 6MPa，轴压逐渐增加至试样完全破坏。

图 2.4 煤岩试样结构特征

煤岩体正面具有一条主裂隙,两条短裂隙相互平行,但不贯穿试样。背面具有一条主裂隙,两条相交短裂隙,贯穿试样顶部,两条主裂隙基本贯穿整个试样,对试样的宏观力学性质产生一定影响。将较短裂隙的长度与宽度加权平均到主裂隙,因此只需考虑两条主裂隙的影响。目前关于煤岩体横观各向同性的基本力学参数试验较少,统计文献给出的具体煤样试验数据[88],弹性模量与泊松比垂直层理方向是平行层理方向倍数范围分别为2.5~7.7与1.8~3.1,分别取其5.0与1.8,则各组成部分的具体力学参数见表2.1。

表2.1 煤岩试样各组成结构力学性质参数

组成结构	弹性模量 E/MPa	泊松比 ν	法向刚度 k_n/MPa	切向刚度 k_s/MPa	裂隙角度 θ/°
主裂隙1	-	0.03cm(宽度)	3500	1100	73
主裂隙2	-	0.2cm(宽度)	3500	1100	69
孔隙介质	2700	0.3	-	-	6%(孔隙率)
煤岩块基质	3500(垂直层理) 700(平行层理)	0.35(垂直层理) 0.2(平行层理)	1400(剪切模量)	-	-

图2.5为试验得到的全应力应变曲线,从形变角度看,主要经历了初始煤岩体压密、线弹性变形、峰后破坏阶段,总体上看由于煤岩致密强度较高破坏方式为脆性破坏。当围压6MPa,轴压在0~30MPa范围内,为线弹性阶段,此时对应的轴向应变范围为0~0.01525,径向应变范围为-0.00534~0,体积应变范围为0~-0.00534。图2.6为理论计算的线弹性范围应力应变曲线,无论是轴向、径向应变,还是体积应变都与试验曲线有较好的一致性,虽然其值略大于试验值,但可以基本反映煤岩体试件变形规律。事实上在推导上述公式中,并未考虑非线性因素,因此其适用范围仅限于线弹性范围,即基于横观各向同性的包含孔隙裂隙煤岩力学模型可以较好地反映实际试验线弹性范围内试件的变形。

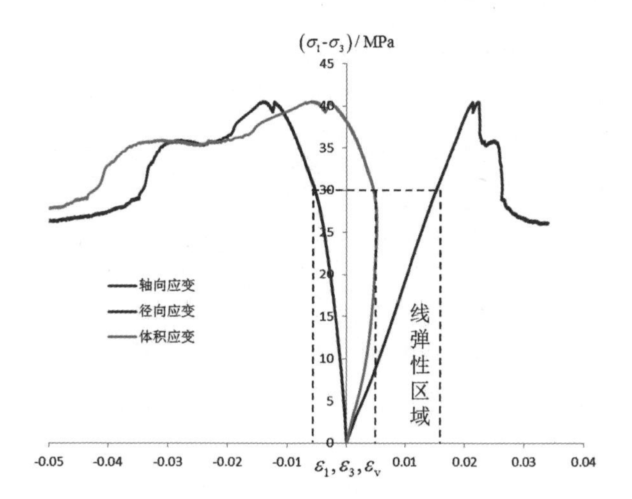

图 2.5 全应力应变过程曲线图

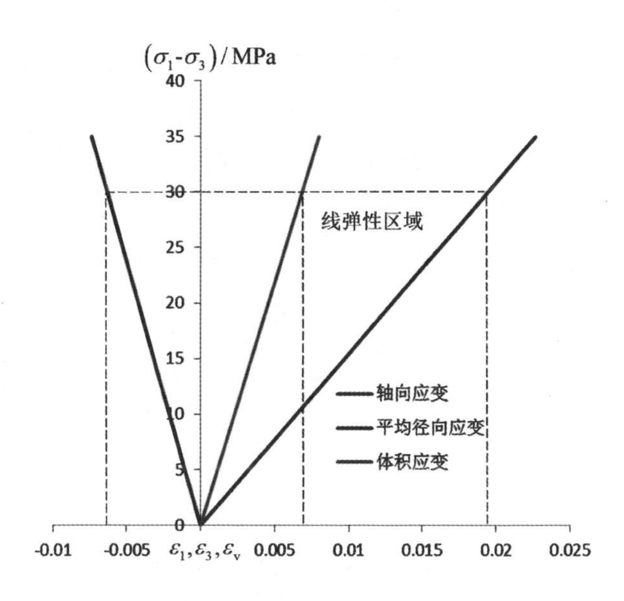

图 2.6 理论应力应变过程曲线(线弹性)

2.4 3 种不同开采条件下煤岩体受力特征

随着工作面的推进,工作面前方煤岩体的受力状态不断经历着原始应力区、增压区与卸压区的转换,与此同时伴随着煤岩体的变形区域的转移,即塑性区不断随开采向前推移,而裂隙的产生亦随之产生并向周围扩散。裂隙又是瓦斯流动的主要通道,因此工作面前方煤岩体裂隙分布与瓦斯渗透规律对合理抽取瓦斯具有指导意义,对防止瓦斯突出具有安全意义。保护层开采、放顶煤开采与无煤柱开采作为3种不同角度定义的开采形式,具有不同的采动支承压力分布特征,谢和平[89]等指出保护层开采支承压力峰值集中系数范围为1.5~2.0,放顶煤约为2.0~2.5,而无煤柱开采的应力集中系数最高,范围约为2.5~3.0,而水平应力则是从原始应力状态卸压至临空工作面单轴应力状态。通常煤岩体的变形特征取决于其受力状态,分析工作面前方煤岩体3种不同的应力状态分布即可得知其前方不同的变形分布,进一步通过变形与瓦斯渗透关系分析获得瓦斯增透效果分布。

淮南张集煤矿所在区域煤(岩)层的总体构造形态为单斜构造,地质构造相对简单。煤岩成分以暗煤为主,次为亮煤,属半暗型。煤层厚度较为稳定,局部含有一至二层泥岩夹矸,单层夹矸厚为0~0.68m,煤厚1.45~3.86m,平均2.68m。直接顶为泥岩,厚度0~5.99/0.94,灰色至深灰色,块状至碎块状结构;老顶为粉细砂岩,厚度4.5~13.04/8.19,灰色至深灰色,块状至碎块状结构;直接底为泥岩,厚度0~2.72/1.34,灰至深灰色,块状结构;老底为砂质泥岩,厚3.01~9.60/5.52,灰色至深灰色,脆性。瓦斯地质情况:11-2煤层为突出危险区,预计瓦斯相对涌出量为(6~8)m^3/t。13-1煤层位于保护层上部,距其顶板距离为82m,平均厚度6.63m,瓦斯含量与11-2煤层相同,为预防13-1煤层煤与瓦斯突出,首先开采11-2较薄煤层。以淮南1122(1)工作面综合机械化开采为背景,利用$FLAC^{3D}$建立数值模型:长(x)420m,宽(y)25m,高(z)128m,共47层,煤层有3层,开挖层为第41层,属于第2煤层;边界条件:四周边界(约束水平方向),底部(约束垂直方向),顶部(等效边界条件,埋深600m,均布荷载约15MPa);材料模型:摩尔库仑准则,见图2.7。保护层开采模型设置成薄层煤开采,放顶煤开采设置成厚煤层大采高开采,无煤柱开采设置成沿空留巷形式,支承压力及水平压力模拟见图2.8b、图2.9b、图2.10b,支承压力峰值集中系数保护层、放顶煤与无煤柱开采具体为1.75、2.17与2.95,相对大小比值为(1.75:2.17:2.95=1:1.24:1.69),与文献定义较为一致,但3种不同开采方式下三区的划分并不完全相同[89]。

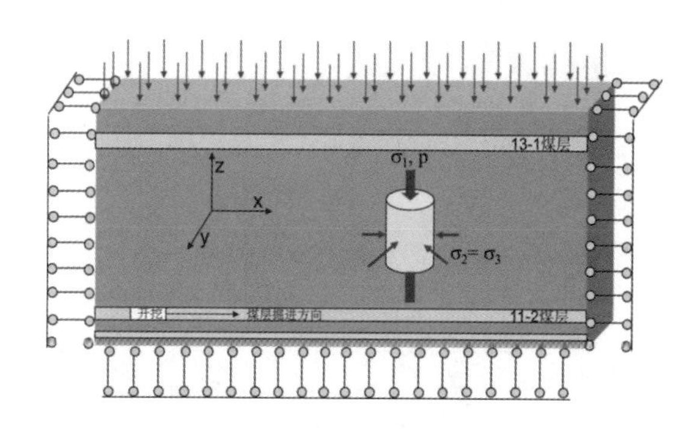

图 2.7 数值计算模型

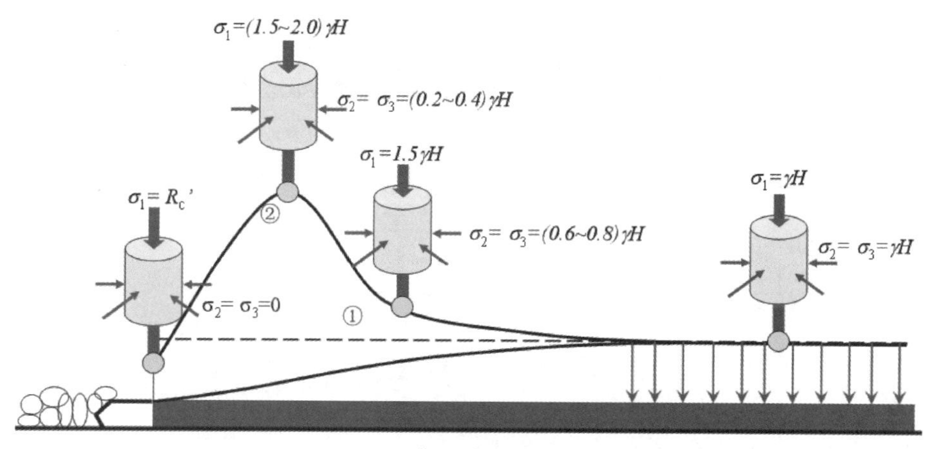

a. 典型分布特征

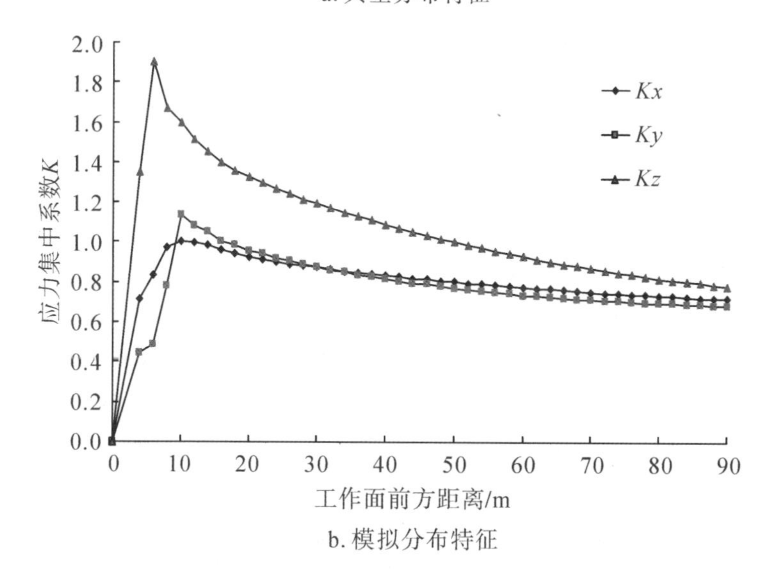

b. 模拟分布特征

图 2.8 保护层开采工作面前方煤岩体受力特征

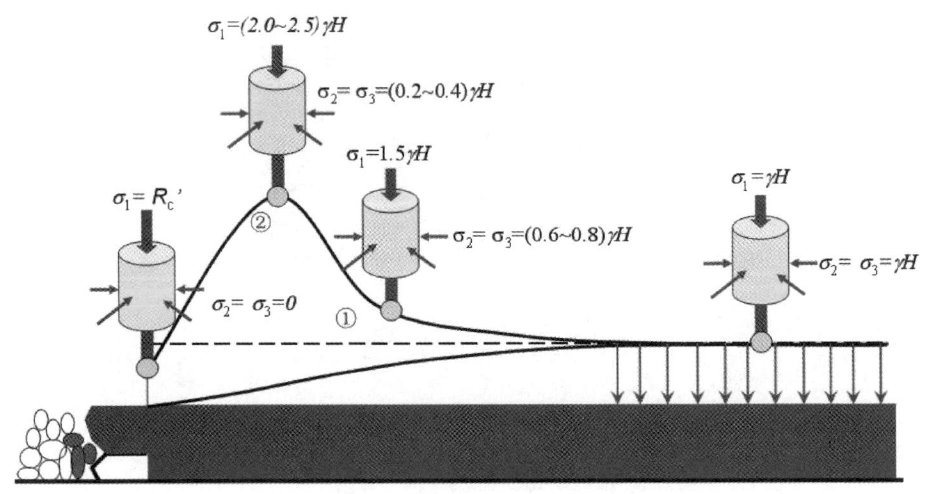

a. 典型分布特征

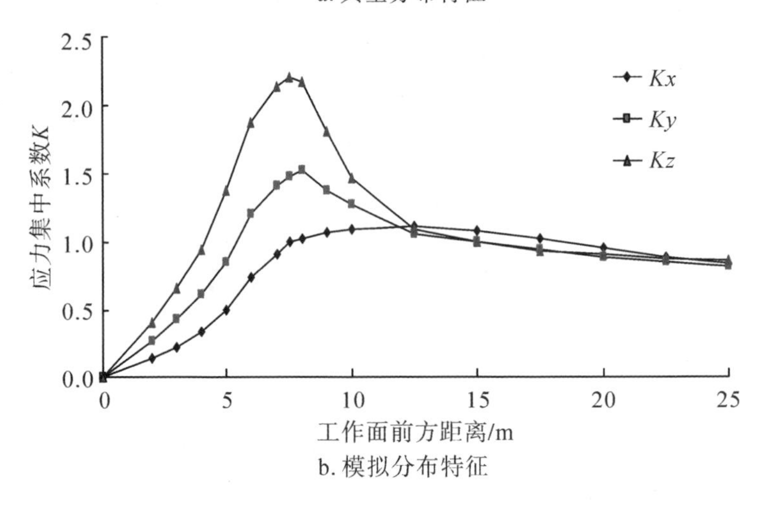

b. 模拟分布特征

图 2.9　放顶煤开采工作面前方煤岩体受力特征

可见不同的开采方式对煤岩体的扰动具有差异性,图 2.11 为 3 种不同开采条件工作面前方支承压力分布特征对比。总体上讲,无煤柱开采对前方煤岩体影响无论是强度还是范围都较大,放顶煤次之,保护层最小。根据谢和平[89]等提出的不同的 3 种不同开采条件采动卸荷的采动力学的水平应力表达式:①峰值点 $\sigma_2 = \sigma_3 = \sigma_1/5\alpha(\alpha = 2.0, 2.5, 3.0)$,②增压区中部曲线反转点 $\sigma_2 = \sigma_3 = 2\sigma_1/5$,结合以淮南张集矿为原型的 3 种不同开采方式数值模拟结果,即保护层、放顶煤与无煤柱开采支承压力峰值集中系数 α 分别为 1.75、2.17 与2.95,

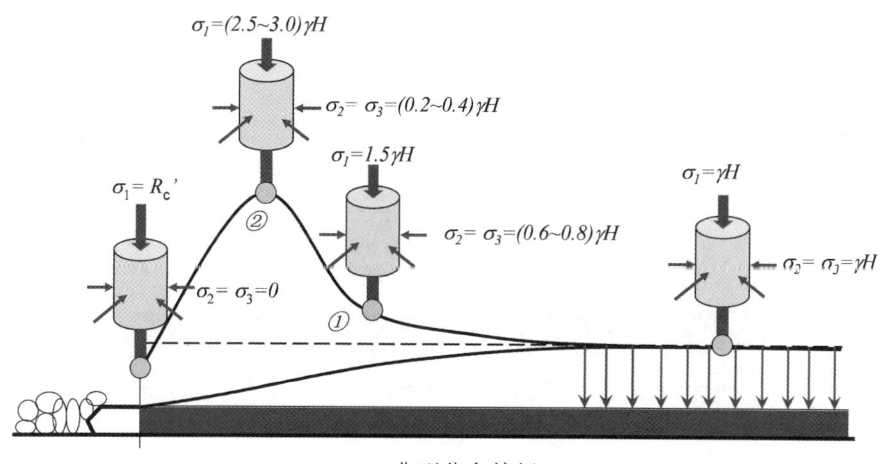

a. 典型分布特征

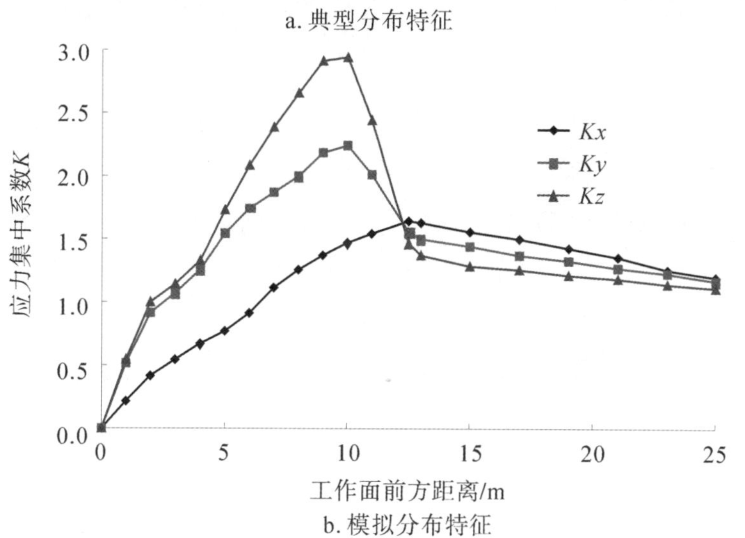

b. 模拟分布特征

图 2.10 无煤柱开采工作面前方煤岩体受力特征

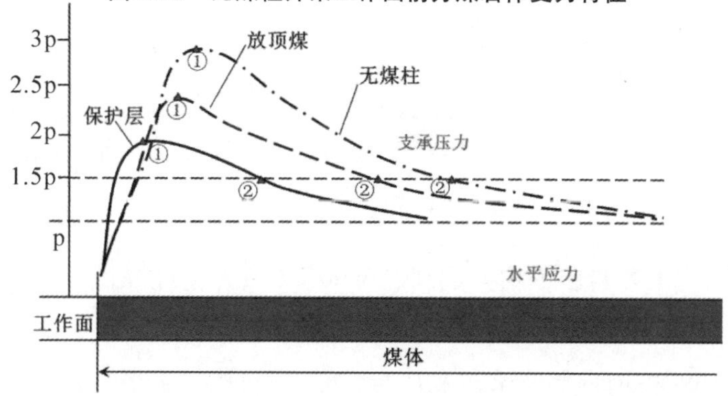

图 2.11 三种不同开采条件工作面前方支承压力分布特征

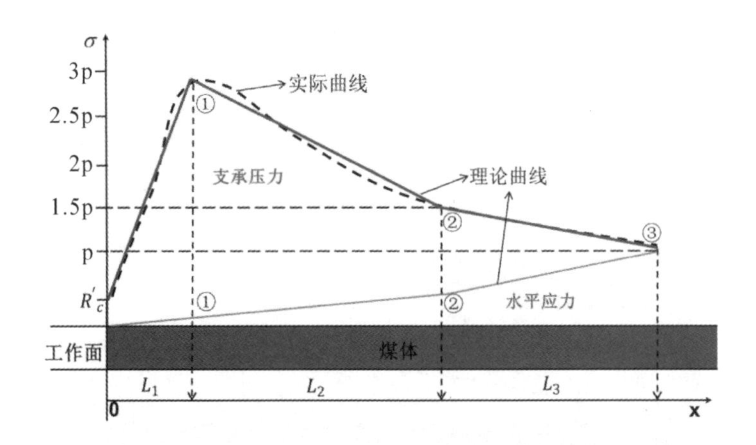

图 2.12　工作面前方煤岩体支承压力与水平压力理论分布特征

提炼 3 种不同开采的共性特征，如图 2.12 所示，虽然 3 种不同开采方式支承压力峰值系数与影响范围不同，但总体上支承压力曲线升压区段可以进一步划分为缓慢增压区（②③区间）与急速增压区（①③区间），L_1、L_2 与 L_3 为对应三区间的长度，具体数值根据现场实测数据；水平应力曲线划分为急速降压区（②③区间）与缓慢降压区，而临空工作面煤岩单元体支承压力为残余压力 R'_c 与水平应力 0。将 3 种不同开采影响范围考虑，引入影响因子 β，分别取值为 1（保护层）、1.24（放顶煤）与 1.69（无煤柱），因此工作面前方煤岩体的支承压力分布函数可表示成

$$\sigma_1 = \begin{cases} \dfrac{(\alpha\gamma h - R'_c)}{\beta L_1}x + R'_c, & (0 \leqslant x < \beta L_1) \\ \dfrac{-(\alpha - 1.5)}{\beta L_2}\gamma h x + \dfrac{(\alpha - 1.5)L_1 + \alpha L_2}{L_2}\gamma h, & (\beta L_1 \leqslant x < \beta L_1 + \beta L_2) \\ \dfrac{-0.5\gamma h}{\beta L_3}x + \dfrac{L_1 + L_2 + 3L_3}{2L_3}\gamma h, & (\beta L_1 + \beta L_2 \leqslant x \leqslant \beta L_1 + \beta L_2 + \beta L_3) \end{cases} \tag{2-19}$$

式中，γ 为上覆岩层平均容重，取 25000N/m^3；h 为埋深，单位为 m；α 为支承压力峰值系数，取 1.75（保护层）、2.17（放顶煤）与 2.95（无煤柱）；x 为距工作面距离，单位为 m；内涵关系式为 $L_2 = 2L_1$，则对应的水平应力分布函数表达式为

$$\sigma_2 = \sigma_3 = \begin{cases} \frac{\gamma h}{5\beta L_1}x, (0 \leqslant x < \beta L_1 + \beta L_2) \\ \frac{2\gamma h}{5\beta L_3}x + \frac{3\gamma h}{5}\left(1 - \frac{2L_1}{L_3}\right), (\beta L_1 + \beta L_2 \leqslant x \leqslant \beta L_1 + \beta L_2 + \beta L_3) \end{cases}$$

(2 - 20)

通过上述分析,可以得到不同开采条件下考虑采动影响的工作面前方煤岩体的应力状态方程,通过支承压力峰值系数 α ,方程可以反映不同开采条件下的支承压力与水平应力的分布特征,通过影响因子 β ,方程可以反映 3 种不同开采条件下的不同影响范围。传统的煤岩体破坏力学行为的轴向变形、径向变形和体积变形均在峰值应力时突然下跌,对应体积变形相对初始状态始终为体积压缩,整个破坏过程未出现体积膨胀,是材料本征力学行为,而煤岩体的采动力学行为为基于煤岩体初始应力状态下考虑采动影响的以体积膨胀为明显特征的变形行为,可以真实反映卸荷状态下煤岩体的变形特征。

图 2.13 为上述试件的全应力 - 应变过程中的渗透率变化曲线,可观测到总体上煤岩试件的应变 - 渗透率曲线与应力 - 应变曲线的变化趋势基本一致,但渗透率的变化明显滞后于应变变化,其不同阶段有不同的变化趋势。

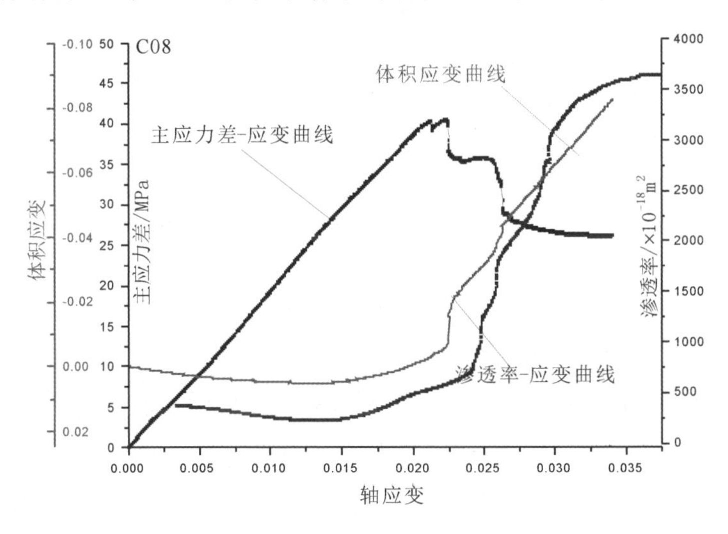

图 2.13 典型应变 - 渗透曲线

图 2.14 为体积应变 - 渗透率关系曲线,除初始体积压缩阶段,整体趋势关系反映着随着体积膨胀的增加其渗透率逐渐增大直至稳定,将试验数据利用多项式拟合,得到理论体积应变(ε_V) - 渗透率(k)关系方程

$$k = -410461\varepsilon_V^2 - 71713\varepsilon_V + 602.59 \tag{2-21}$$

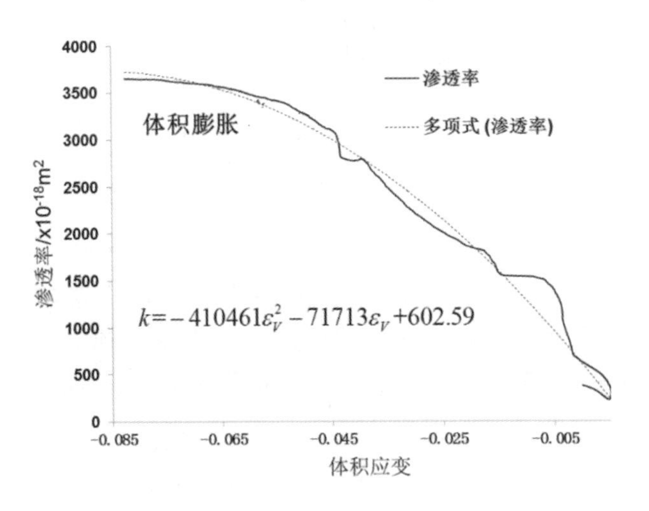

图 2.14 体积应变渗透率关系曲线

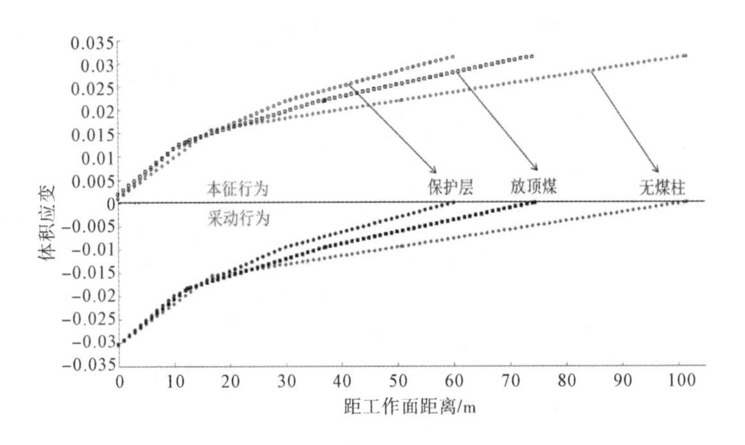

图 2.15 体积应变分布曲线

根据式(2-19)与式(2-20)可以计算得到保护层开采、放顶煤开采与无煤柱开采工作面前方煤岩体的体积应变的分布曲线(图 2.15),可见煤岩体本征行为下体积应变均大于0,以压缩变形为主,而采动力学行为体积应变均小于等于0,以膨胀变形为主。总体上看,工作面开采卸压导致前方煤岩体变形膨胀,保护层开采与放顶煤开采体积应变分布曲线基本分为 4 个变形阶段,其分界范围基本与支承压力分布范围一致,分别为变形剧烈阶段、变形增长阶段、变形初始阶段与稳定阶段。但无煤柱开采升压区体积应变变化较一致,未有明显变化,其变形初始与增长阶段界限模糊。从工作面临空区到原始应力区,体积膨胀变形逐渐减小直至减小到0,而卸压区变形较大,变化趋势也较大,其中无煤柱开采产生的卸压区范围间最大。

图2.16为工作面前方煤岩体,其分布趋势与体积应变分布趋势基本一致,分为3个主要阶段:急速增加阶段、增长阶段与缓慢增加阶段,但采用不同开采方式其三区分布范围不同,缓慢增加阶段与增长阶段分界点渗透率为初始渗透率的2倍左右,保护层开采约为30m,放顶煤开采约为37.2m,无煤柱开采约为50.7m。增长阶段与渗透率急剧增加阶段分界点为初始渗透率的3倍,但3种开采条件下范围基本一致,约为17m,处在增压区范围,可见在卸压区范围内抽采瓦斯,其渗透率高,瓦斯抽采效果较好。若煤矿瓦斯含量较高,瓦斯抽采孔可以穿过卸压区,也应止于增压区,因为渗透率已经有明显下降。随着工作面向前推进,支承压力峰值前移,煤岩体体积应变与渗透率的随之动态演化调整。

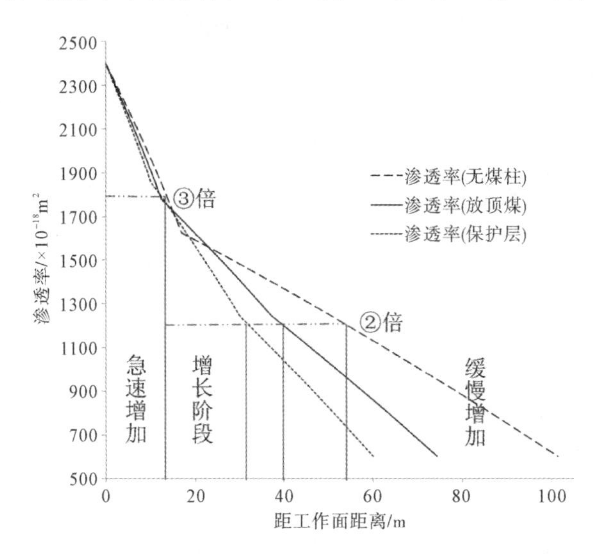

图2.16 渗透率分布曲线

2.5 本章小节

上述研究表明,工作面开采引起前方煤岩体变形及瓦斯渗透变化是一个复杂的过程,其主要特点及规律如下:

（1）建立了等效孔隙、裂隙模型，并推导了三维空间状态下可以考虑含孔隙裂隙的横向各向同性煤岩体力学模型，其能真正考虑基于倾角的煤岩体真实赋存应力状态，给出煤岩体等效轴向应变、径向应变与体积应变表示式，通过与试验比较，理论模型可以较好地反映煤岩体真实变形。

（2）基于淮南张集矿 11－2 工作面开采，结合 3 种不同开采条件，得到保护层、放顶煤与无煤柱三种不同开采的支承压力峰值系数分别为 1.75、2.17 与 2.95，进一步提炼不同开采方式的共性特征，并推导出支承压力与水平应力分布公式，其能综合考虑不同开采方式及影响范围下的煤岩体采动力学行为。

（3）建立体积应变与渗透率之间的多项式关系方程，并给出采动条件下 3 种不同开采方式下的体积应变分布曲线与渗透率分布曲线。保护层开采与放顶煤开采体积应变分布曲线基本分为 4 个变形阶段，其分界范围基本与支承压力分布范围一致，分别为变形剧烈阶段、变形增长阶段、变形初始阶段与稳定阶段。但无煤柱开采升压区体积应变变化较一致，未有明显变化，其变形初始与增长阶段界限模糊。而渗透率分布曲线分为 3 个主要阶段，即急速增加阶段、增长阶段与缓慢增加阶段，但不同开采方式其三区分布范围不同。

3 保护层开采瓦斯卸压增透量化评价研究

保护层开采作为一种典型的煤与瓦斯安全开采形式在煤矿生产中具有重要的意义。通过由半无限开采积分模型求解得到的岩体内部位移场表达式并与相似模拟被保护层沉降曲线对比,研究发现理论模型可以较好地反映煤层实际变形。建立了“两带”裂隙分布模型及其简化力学模型,通过正交设计的全应力应变渗透试验发现,瓦斯渗透主要分为3个过程,发现瓦斯渗透急剧变化在体积应变达到0.015处,对比理论体积应变分布曲线,得出体积应变沿沉降范围总体上呈对称分布,在中心区域存在一个体积应变大于0.015的范围,可见其正处于渗透率急剧增加阶段,其卸压增透效果最好。研究结果为被保护层瓦斯卸压增透计算提供了参考。

3.1 引言

煤与瓦斯共采技术是解决未来我国能源紧张需要的重大技术突破[77],同时其可以较大程度上避免日益严重的煤矿瓦斯突出、爆炸等灾害,提高受限于安全要求的煤矿产能。而保护层开采技术目前已经在我国多处煤矿中得到成功应用,并取得安全与经济效益,甚至延长了部分煤矿的生产寿命,具体包括远距离上保护层开采、远距离下保护层开采、极薄煤层保护层开采、超远距离下保护层开采以及多重上保护层开采技术等。同时结合瓦斯抽采技术,最大限度预防煤与瓦斯突出灾害,最大程度利用好煤层气资源。长期以来,都是学者研究的热点,针对此目前也开展了大量的理论、试验及仿真研究,但多集中于保护层瓦斯流动规律的研究，而未从定量角度评判增透效果上，缺少对瓦斯抽采孔布置的技术依据理论体系[78-90]。石必明等[91,92]基于相似材料模型试验指出随着保护层工作面的不断向前推进，根据布置在被保护层内监测瓦斯的测点数据，在卸压范围内煤层透气性系数的大小呈“M”形分布。胡国忠等[93]开展了现场试验并结合数值仿真技术，将东林煤矿急倾斜俯伪斜上保护层开采为背景，得到东林煤矿俯伪斜上保护层开采后被保护层的卸压规律，优化设计俯伪斜上保护层开采的卸压瓦斯抽采参数，达到保护层开采的“卸压增透效应”最大化。刘海波等[94]认为被保护层煤层透气性呈动态变化，其根据极薄保护层钻采上覆煤层透气性变化及分布规律指出随着保护层工作面不断向前钻采，上覆煤岩体裂隙经历扩展张开－压实闭合过程，而透气性也是增大到最大值，随后逐渐减小到稳定值。王海峰等[95]意识到上覆岩层中不同种类裂隙发育程度不同导致其连通性的差异，其会影响瓦斯流通通道及聚集空间。指出上保护层开采后形成的底臌断裂带内，层间裂隙发育充分，同时优化了被保护层的卸压瓦斯抽采参数，达到抽采效果最大化。

可见，目前关于开采保护层对被保护层卸压瓦斯增透效果研究多集中于试验定性评价，而在低渗透含高瓦斯煤层群开采中保护层开采技术已得到普遍应用，因此从理论角度结合室内试验定量评价瓦斯增透效果显得尤为重要，可为进一步合理布置瓦斯抽采钻孔、实现煤与瓦斯共采奠定基础。建立了基于概率积分法推导的半无限开采积分模型，同时得到采动条件下有限开采被保护层的沉降变形理论公式。并创新性地发现体积应变与渗透率的关系，将其结合室内试验：全应力应变渗透耦合试验，同时对比相似模拟试验[以淮南张集矿11－2煤层（保护层）与13－1煤层（被保护层）为原型]，证明了理论结果的可靠性，得到了被保护层的沉降变形理论曲线及体积应变演化规律。

3.2 相似模拟试验及沉降变形理论推导

保护层开采（也称开采解放层）是区域性瓦斯治理最有效的手段[89]，涉及保护层与被保护层两类煤层，为消除邻近煤层的突出危险而先开采的煤层或岩层称为保护层，位于突出危险煤层上方的保护层称为上保护层，位于下方的称为下保护层，而需要保护的邻近突出煤层称为被保护层。保护层开采后上覆煤岩的垮落变形逐渐向上拓展，同时产生大量的新生张裂隙、离层裂隙等，同时伴随着“三带”的形成。而被保护层由于距离保护层的间距不同可能出于“三带”中某一范围内,因此总体上看上覆煤岩的移动和破坏在时间及空间上是一个复杂的运动破坏过程。而裂隙的生成拓展释放了煤层中的瓦斯压力并未瓦斯通常的成型与空间聚集提供了可能,提高了煤层整体的透气性,降低了瓦斯突出煤层的风险。开采保护层是迄今为止防突上最有效、最经济的区域性措施。

以淮南张集矿地质条件为原型(图3.1),根据中国矿业大学(北京)相似模拟二维试验平台,模拟走向开采。试验模型总长4.2m,模拟高度128.1m,11-2煤层上覆191.49m,下铺11.02m,共铺设47层,顶部上覆平均厚度574m,具体材料参数见表3.1。根据相似原理,需要满足几何相似、运动相似及边界条件相似。因此线性比选为 $\alpha_l = 1:100$;模型密度比 $\alpha_\gamma = \gamma_m/\gamma_p = 3:5$;模型应力比 $\sigma_m = \sigma_m/\sigma_p = \alpha_\gamma \alpha_l = 3:500$,其中 γ_m 为模型材料密度;γ_p 为原型岩石密度;σ_m、σ_p 为模型材料、原型岩石的强度。由此可得到相似模拟试验模型尺寸参数,总高128.1cm,煤厚3.79cm,煤层顶板113.29cm,煤层底板11.02m。上覆岩层重量在试验过程中采用千斤顶施加表面力实现恒压加载。

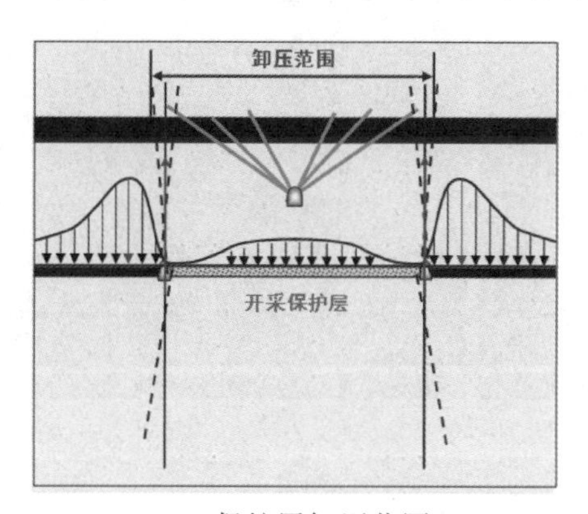

a. 保护层卸压范围

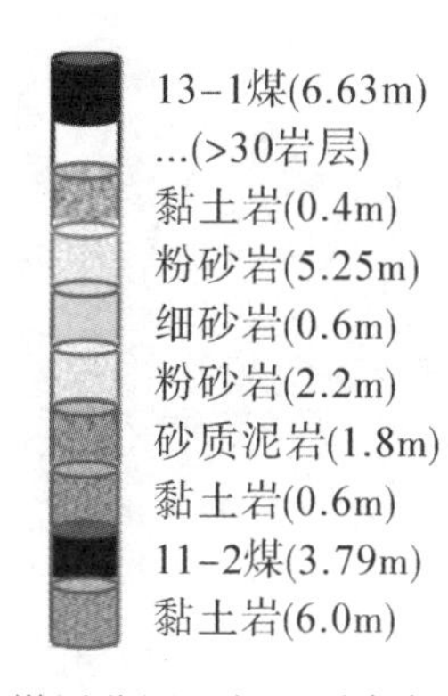

b. 煤层范围局部地质条件

图3.1 保护层开采模型

相似模拟试验的优势即在于可以最大程度再现上覆岩层的形变及移动过程,本次开采未进行任何支护,其变形也是由下向上传递,依次经历直接顶初次垮落,老顶初次垮落,周期垮落过程,开切眼侧滑移角为30°,工作面侧的岩层移动的滑移角为36.5°,可见受扰动侧的滑移角总是大于初始的滑移角,如图3.2。试验前在相似模拟模型表面布置了大量监测点,尤其是在被保护层位置,这样随着开挖的进行,即可动态捕捉被保护层的沉降变形。试验后按照上述比例进行现场还原得到试验预测的实际沉降曲线,整体表现为局部范围的超充分开采,因为底部产生了一个稳定的沉降范围平台,其修正后的最大值约2.02m。由于模拟开挖不能完全开挖，模型尺寸边界限制了沉降范围的整体变形，其值与工作面推进长度260m左右接近，也小于实际沉降范围（图3.3），而实际沉降过程应为充分开采到超充分开采的过渡模型。

表3.1 地质材料参数及相似模拟材料配比

地层材料			相似材料及配比
地层名称	密度/(g·cm^{-1})	抗压强度/MPa	砂:石灰:石膏
中粗砂岩	2.595	64.11	8:0.9:0.1
粉砂岩	2.50	73.77	8:0.8:0.2
砂质泥岩	2.60	44.88	9:0.7:0.3
黏土岩	2.49	45.85	9:0.7:0.25
细砂岩	2.59	89.68	7:0.5:0.5
中砂岩	2.52	91.53	6:0.5:0.5
煤	1.40	9.50	8:0.7:0.3

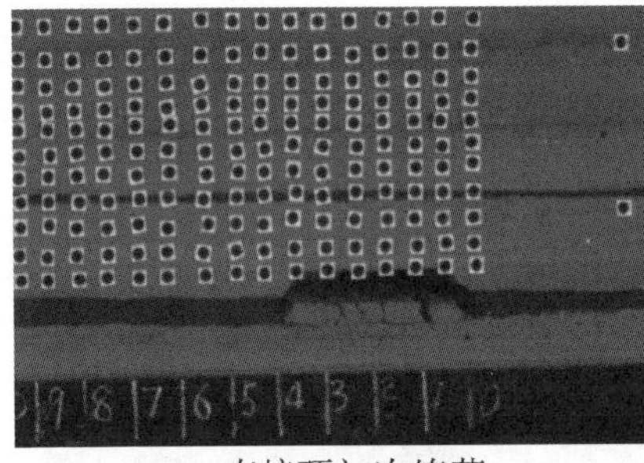

a. 直接顶初次垮落

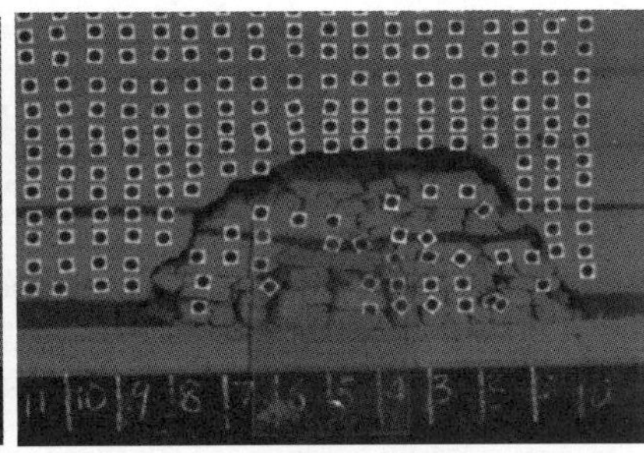

b. 老顶初次垮落

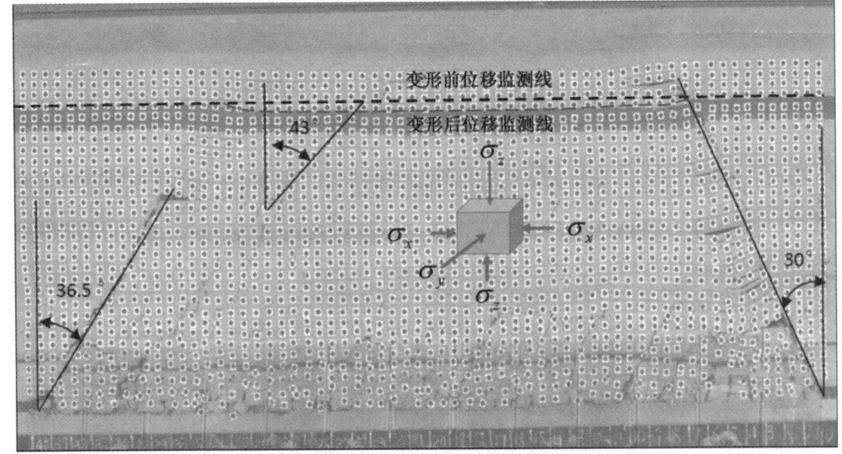

c. 开采到256m时覆岩破坏情况

图3.2 相似模拟试验

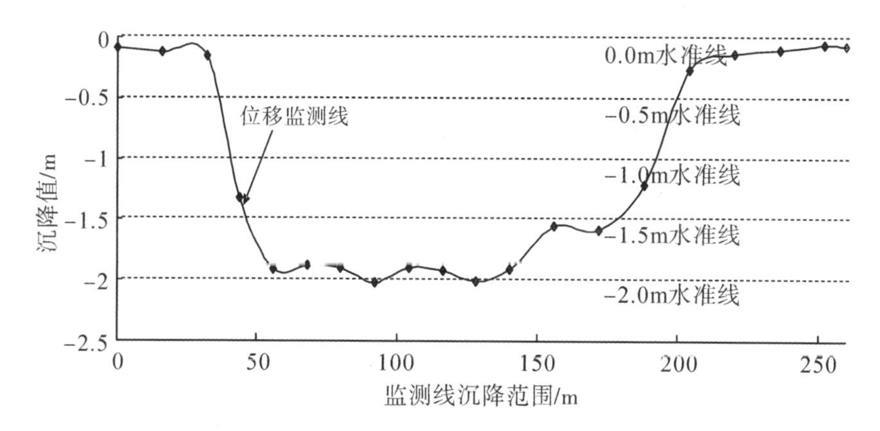

图 3.3 相似模拟试验变形后位移监测曲线

以上为试验角度分析，而目前从理论求解受两端约束的有限开采的位移解析解存在数学困难，而半无限开采的解析解较容易求得，因此可以简单利用线性叠加原理求解两个半无限开采移动变形值再合成[96]。半无限开采是指沿工作面推进方向在 x 区间 $[+\infty,0]$ 已被开采（图 3.4），而沿垂直工作面推进方向的开采尺寸足够大使之达到充分采动。

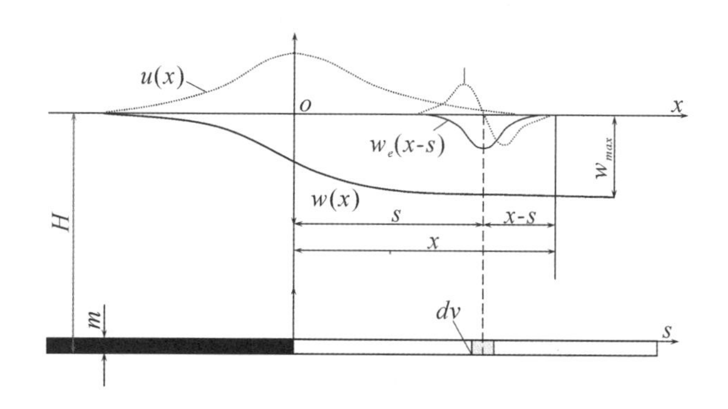

图 3.4 半无限开采积分模型

事实上，地下垮落影响的上覆变形是向上连续扩展的，其扰动范围可能不能波及地表，但从理论角度上看，只是数量级的大小问题，即地表沉降与下覆岩层垮落存在本质的数学连续，其是一个问题的两个表现形态，目前地表沉降的研究多采用随机介质方法，而垮落变形问题还未从理论角度去分析，因此本书突破性地从上往下看得更深直至工作面变形处，根据线性叠加原理，可推导空间问题岩

体内部单元下沉盆地的最终稳定表达式为[97]

$$\omega(x,y,z) = \frac{\omega_{\max}}{r^2(z)} \int_{-s_o}^{+s_o} e^{-\pi\frac{(x-s)2}{r2(z)}} ds \int_{-t_o}^{+t_o} e^{-\pi\frac{(y-t)2}{r2(z)}} dt \tag{3-1}$$

从而推出岩体内部点的垂直位移和水平位移的表达式：由此可得到岩层内任意位置处的垂直位移表达式[式(3－2)]与水平位移表达式[式(3－3)、式(3－4)]

$$\omega(x,z) = \frac{\omega_{\max}}{2} erf\left(\frac{\sqrt{\pi}x}{r(z)} + 1\right) \tag{3-2}$$

$$u(x,z) = b(z)\omega_{\max} e^{-\pi\frac{x2}{r2(z)}} \tag{3-3}$$

$$v(y,z) = b(z)\omega_{\max} e^{-\pi\frac{y2}{r2(z)}} \tag{3-4}$$

式中：$erf(x) = 2\int_0^x e^{-t^2}dt/\sqrt{\pi}$ 为误差积分函数，$\omega_{\max} = m\eta\cos\alpha$，$r(z) = (H-z)^n r/H^n$，$b(z) = (H-z)^{n-1}b/H^{n-1}$，$r = H/\tan\beta$，$\eta$ 为下沉系数，其主要受顶板支护方式、管理方法及覆岩岩性有关，b 为水平移动系数，其是反映地表最大水平移动量和最大下沉量关系的系数，我国煤矿矿区的水平移动系数一般在 0.1～0.4 范围，根据规程，如若本矿区基本实测资料的经验参数未总结得出，可依预计开采覆岩地质特性确定概率积分法参数[98]，n 为主要影响半径指数，其与岩层力学性质有关。$\tan\beta$ 为主要影响角正切，其与覆岩岩性有关，覆岩岩性越软其值越大，反之越小。H 为保护层埋深，z 为计算深度，m 为保护层采高，α 为煤层倾角。

由此，可计算得到被保护层的理论变形曲线，如图 3.5 所示，其底部存在一个小的稳定沉降平台，为局部超充分开采，最大沉降值 2m 左右，沉降主要范围约 500m。与相识模拟试验结果对比，其变化趋势基本一致，可以认为理论模型可以很好地反映实际上覆岩层的变形移动情况。

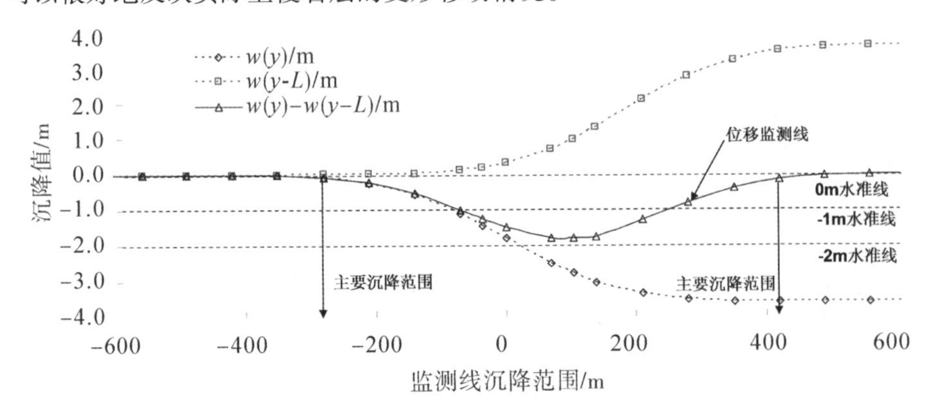

图 3.5　理论推导变形后位移监测曲线

3.3 上覆岩层裂隙拓展力学机理及煤气耦合试验

工作面向前推进过程中,宏观上表现为离层裂隙及穿层裂隙不断产生并向上发展,细观上呈现单元体的压缩或者膨胀变形,包括破裂产生的微细裂纹。整体上看,“三带”处于不断调整过程中,导致裂隙扩展与渗透率分布特征呈现时空演化过程。因为冒落带已经完成垮落过程,仅建立包含弯曲下沉带,裂隙分布带的“两带”力学模型,并优化了被保护层力学模型。假设煤层处于两带分界线位置,下部为裂隙分布带,上部为弯曲下沉带,如图 3.6 所示。

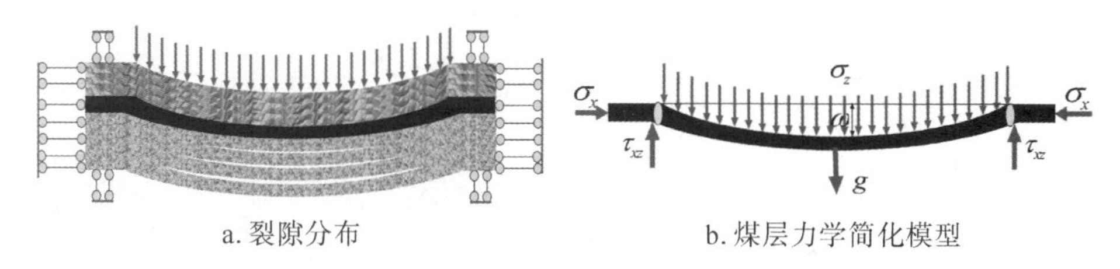

a. 裂隙分布　　b. 煤层力学简化模型

图 3.6　两带(弯曲下沉带,裂隙分布带)模型示意图

上覆载荷是由上覆岩层中煤与岩体共同承担的,在裂隙分布带离层裂隙刚刚发展到被保护层底部,底部以下煤岩组合结构承载功能发生破坏,而上部弯曲下沉带传递下的载荷由被保护层以上煤岩组合结构承担。煤层上覆荷载分配上,整体上表现为被保护层上覆荷载增大,下部荷载趋于零。另一方面,煤层弯曲变形增大,导致水平方向上承载刚度减小,释放了部分水平应力。而重力产生的分量将在端部产生部分拉应力抵消水平压应力,同时由于水平应力将会对煤体产生附加弯矩 $\sigma_x\omega$,附加弯矩将会在煤层中性点上部对煤层产生增强作用,而下部产生卸压作用,但由于煤介质抗拉特性较差,从而产生大量裂纹甚至破断。

伴随着 ω 的增大,被保护层弯曲变形增大明显,此时穿层裂隙将会布满煤层,并且在上部产生离层裂隙。被保护层与保护层直接的间距、覆岩的地质特性及采高都会影响三带的分布,而由于间距过大,因此被保护层大多都处于弯曲下沉带。总体上看,卸压变形表现为主导地位。从细观力学角度分析,煤岩体的应力状态演化特征主要表现为垂向的先增大后减小、水平向减小。基于此,设计正交试验方案如下:根据瓦斯压力与围岩不同,选取 9 个尺寸为 Φ50mm × H100mm 的圆柱体,编号为 C01、C02、C03、C04、C05、C06、C07、C08、C09(图 3.7),样品来源于张集矿 -690m 采煤工作面。

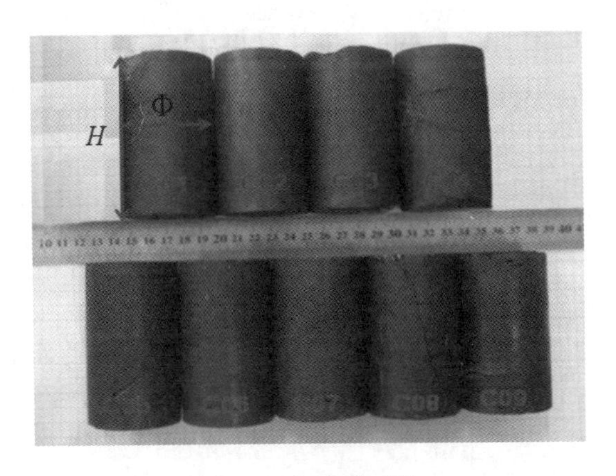

图 3.7　标准煤试件

分别设置 3 组不同的围压值 3MPa、6MPa 与 9MPa 用来模拟卸压后残余水平压力，设置 3 组不同的瓦斯初始压力 1MPa、1.5MPa 与 2MPa（图 3.8），轴向应力模拟垂向应力增加过程，设备为重庆大学的煤气耦合试验系统，开展全应力－应变过程瓦斯渗流特性试验。

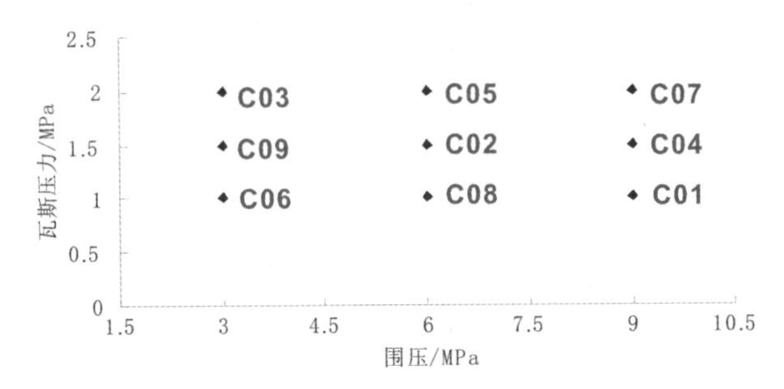

图 3.8　正交试验方案

由上理论模型位移解析解，在半无限开采时，对位移求一次导数可确定煤岩体内任意一点的应变状态分量，包括水平应变 ε_x 、ε_y 与垂直应变 ε_z ，分别为

$$\varepsilon_x = \frac{\partial u(x,z)}{\partial x} = 2\pi b(z)\frac{\omega_{\max}}{r(z)}\left(-\frac{x}{r(z)}\right)e^{-\pi\frac{x^2}{r^2(z)}} \tag{3-5}$$

$$\varepsilon_y = \frac{\partial v(y,z)}{\partial y} = 2\pi b(z)\frac{\omega_{\max}}{r(z)}\left(-\frac{y}{r(z)}\right)e^{-\pi\frac{y^2}{r^2(z)}} \tag{3-6}$$

$$\varepsilon_z = \frac{\partial \omega(x,z)}{\partial z} = \frac{\omega_{\max}}{(H-z)r(z)}xe^{-\left(\frac{x\sqrt{\pi}}{r(z)}+1\right)^2} \tag{3-7}$$

将式（3－5）、式（3－6）、式（3－7）三者叠加，即可得到体积应变公式

$$\theta = \varepsilon_x + \varepsilon_y + \varepsilon_z \tag{3-8}$$

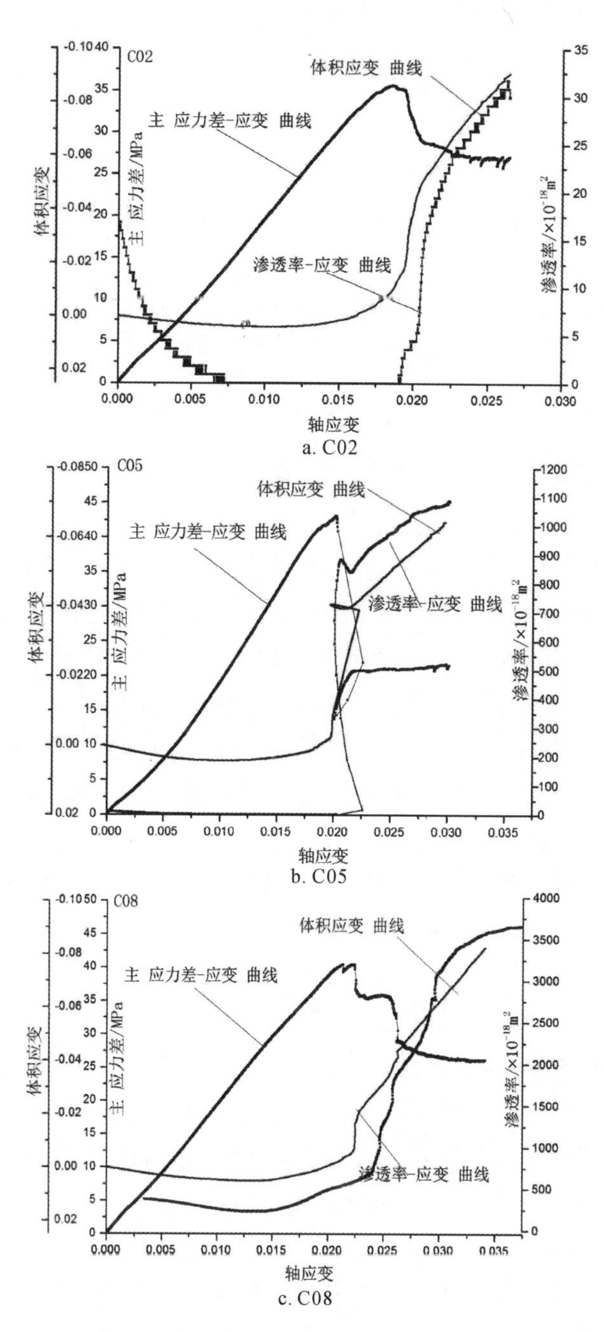

图 3.9 煤岩试件全应力 - 应变过程中的渗透率变化曲线

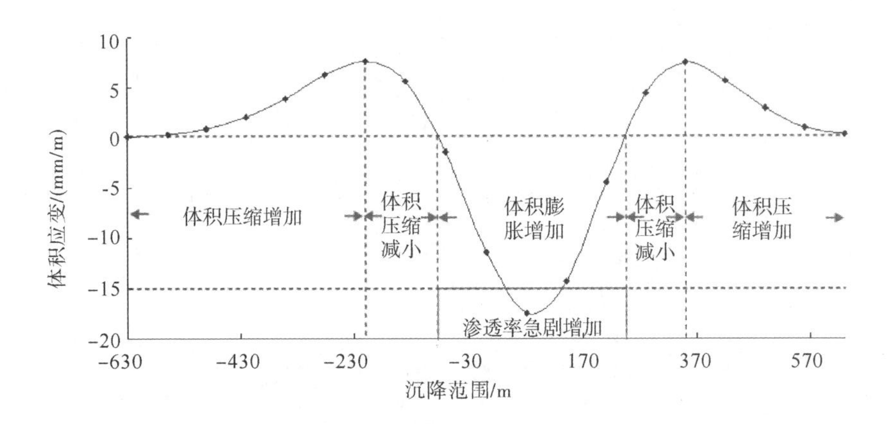

图 3.10 体积应变沿沉降范围变化曲线

选取 C02、C05、C08 三个在相同围压及不同瓦斯压力下的全应力－应变曲线、体积应变曲线及应变－渗透率曲线作为典型代表(图 3.9)，可见体积应变曲线与应变－渗透率曲线具有较高的一致性，其趋势变化相当一致，但滞后于体积应变，由此发现了体积应变与渗透率的关系这一创新成果。因为目前关于二者关系的建立尚未出现，另一方面体积应变为无量纲，如何建立二者之间的理论模型也尤为重要，将在未来相关文章中探讨。简单分析，裂纹拓展变化将会影响体积应变而裂纹通道又是瓦斯流动的基本条件，因此体积应变与渗透率的关系可能具有正向关系。

由于针对煤样变形的监测是连续的，当发生较大变形，瓦斯渗透的传输过程具有时间差，而渗透率的监测不能同步于应变变化，因此从图上看表现为滞后性，但是如果考虑到试验监测误差，变形与渗透率变化可能是同步的。根据体积应变与渗透率变化规律将其分为 3 个阶段：①体积压缩阶段。渗透率变化趋势总体上表现为渗透率随轴应变的增加而减少，煤岩体初始孔裂隙闭合阻碍了瓦斯流动通道的畅通，具体为 C02 与 C08 试件初始渗透率先增大后减少，C05 试件孔裂隙不发育初始渗透率基本为零。②线弹性变形阶段。线弹性阶段基本上渗透率为 0，主要原因为煤岩试样坚硬致密，强度较高，原生孔隙、裂隙较少，瓦斯通道基本闭合。试件 C02 与 C05 在体积压缩阶段渗透率降为零，而从 C08 的渗透率－应变曲线可以看出其渗透率大约是在煤岩线弹性阶段的中点处达到最小，随后煤岩的渗透率的变化趋势发生明显变化，由随应变增加而减小的趋势变为随应变增加而增加趋势，可见煤岩体孔裂隙并未完全闭合。随着轴压的增大，煤岩中开始产生新的孔裂隙并随之贯通，瓦斯的流动通道扩大，渗透率随之增大。③体积急剧膨胀阶段。当体积应变达到0.015时，煤岩内部裂隙进一步扩展、贯通，体积迅速膨胀，开始逐渐出现宏观裂缝，随着裂隙逐渐连同形成宏观裂缝，瓦斯基本上以宏观流动为主，此后煤岩的渗透率由缓慢的增大演化为急剧增大。随着变形越大渗透率急剧增加，当体积应变达到峰值，渗透率也达到峰值。由理论模型可以得到体积应变沿沉降范围曲线（图 3.10），从两端到中心经历了体积压缩增加，压缩减小与体积膨胀增加过程，其变化过程与全应力应变过程曲线类似。总体上呈对称分布，在中心区域已经存在一个范围体积应变大于 0.015，其卸压增透效果最好，可见其正处于渗透率急剧增加阶段。随着工作面向前推进，中心部位释放的应力逐渐过渡到两端，后方塌陷趋于稳定，其体积明显减小，造成初始形成的裂隙闭合，可见煤岩体渗透率的变化是一个随工作面推进的动态演化过程。

3.4 本章小结

研究表明，上覆岩层的移动变形与渗透率的分布具有相关性，而体积应变恰恰能反映渗透率的变化趋势，其主要特点及规律如下：

（1）基于概率积分法由半无限开采叠加生成的理论模型可以很好地反映试验数据，并且其建立的体积应变公式可以反映被保护层的体积变形，发现体积应变与渗透率的正向关系。

（2）指出伴随着煤层的塌陷弯曲变形，由于煤层水平方向刚度减少及重力产生的分量在端部产生部分拉应力抵消水平压应力导致水平应力的释放，同时指出附加弯矩 $\sigma_x\omega$ 会反过来影响煤体中的水平应力状态，附加弯矩将会在煤层中性点下部产生卸压作用，上部对煤层产生增强作用。总体上作为主导地位的是煤层水平方向上变形卸压，表现为在水平方向上的卸压过程，优化了“两带”力学模型。

（3）根据体积应变 – 渗透率变化曲线，将其分为三个过程：体积压缩阶段、线弹性变形阶段及体积急剧膨胀阶段，沿沉降范围体积应变总体上呈对称分布，从两端到中心经历了体积压缩增加，压缩减小与体积膨胀增加过程，并且当体积应变达到 0.015 时，渗透率急剧增大，其卸压增透效果最好。

4 采动煤岩体渗透率分布规律与演化过程研究

基于淮南潘一矿煤田地质背景,以保护层开采为代表开展相似模拟试验,通过 Matlab 软件实时捕获标记点位置并通过像素点演算其坐标,得到采场体积应变分布,可有效反映采场膨胀 - 压缩变形分布。同时进一步开展全应力应变渗透试验,建立体积应变与渗透率的耦合关系方程,绘制采场的渗透率分布。研究发现随着工作面向前推进,无论是体积膨胀与渗透率演化分布都是一致的,上保护层渗透要滞后于保护层,并且随着垮落区的形成与再压密,其渗透率也逐渐减小,形成类蝌蚪状分布。总体上,基于相似模拟可视化方法与煤气耦合渗透试验建立被保护层卸压增透效果评价模型具有可行性与合理性。

4.1 引言

保护层开采作为防治煤与瓦斯突出灾害的重要技术手段已经在淮南矿区得到成功应用,是一种预先在首采保护层工作面形成的应力降低区和裂隙发育区内布置瓦斯抽采工程,待首采层卸压开采后抽采采空区卸压解吸瓦斯的工程技术方法,同时为低渗透煤层群煤与瓦斯共采提供了一个重要技术支撑[77,89]。保护层开采无论是工作面前方、后方采空塌陷区,还是上覆岩层,甚至被保护层煤岩体裂隙发育及其瓦斯渗透率变化规律对于合理布置瓦斯抽钻孔、设计孔深及评价被保护层卸压增透效果等都具有重要意义。由于现场大范围尺度监测采场卸压后裂隙发育及变形分布存在困难,目前室内相似模拟试验仍然作为重要平台用于研究煤层开采卸压后采场煤岩体应力、变形、裂隙发育及瓦斯渗透率分布特征。戴广龙利用分源法预测了谢桥矿1242(1)保护层开采后工作面瓦斯涌出量,同时预测了上覆煤岩体采动裂隙发育分布特征[99]。涂敏利用数值仿真技术对远距离下保护层开采上覆煤岩体应力分布、被保护层卸压变形规律进行研究,指出被保护层产生膨胀变形使其透气性增大[100]。王海峰开展了近距离上保护层开采工作面的瓦斯涌出规律研究并在此基础上对被保护层的卸压瓦斯抽采参数进行了优化[101]。胡国忠通过引入煤体孔隙率与渗透率的动态变化模型,建立了有限变形下煤与瓦斯突出的固气动态耦合失稳模型及以极限瓦斯压力值为判定值的保护层开采保护范围的判别准则[102]。张拥军结合平煤五矿,应用RFPA－Gas程序模拟了近距离上保护层采动顶底板岩层变形破坏、裂隙演化规律与瓦斯运移规律[103]。王宏图基于关键层理论和有限元数值模拟方法,得出了急倾斜煤层开采后受关键层影响下的上覆岩层移动特点和破坏形态并分析了关键层对保护层开采保护范围的影响[104]。刘纯贵利用相似模拟实验研究了马脊梁煤矿浅埋煤层开采覆岩活动规律[105]。林柏泉通过对远距离下保护层开采相似模拟研究分析上覆煤岩裂隙卸压、失稳、起裂、张裂、萎缩、变小、吻合、封闭的动态演化规律,提出“三位一体”的立体的综合瓦斯治理新模式[106]。冯国瑞针对白家庄煤矿垮落法残采区上覆煤层开采问题,研究发现上行开采层间岩层出现了裂隙产生、扩展甚至贯通的过程是导致其层间岩层发生结构性变化的原因[107]。高峰针对煤岩体损伤破坏特征,定义煤岩体结构损伤变量,建立相应的弹塑性损伤本构方程,并对乌兰煤矿双保护层开采实例进行了计算分析,指出煤层开采后,被保护煤层出现张拉损伤,煤层应力显著释放,煤岩体的渗透性急剧提高[108]。魏刚对保护层开采后的采动裂隙分布规律进行研究,指出最大位移量位于采空区的中部,裂隙最发育,采动裂隙密度最大,煤岩体渗透率最大[109]。

上述研究主要集中在定性分析开采保护层后局部采场裂隙发育、分布情况及采场某一位置处渗透率变化规律,未从采场整体卸压后裂隙发育分布及渗透率分布演化角度给出定量描述。事实上,工作面向前推进过程中,周围煤岩体同时存在着增压区与卸压区,因此从采场整体角度分析周围煤岩体的变形规律及渗透率演化分布,对利用保护层开采技术实现煤与瓦斯共采具有重要意义。

4.2 相似模拟试验及采场变形、渗透率分布可视化研究

4.2.1 相似模拟试验设计

潘一矿共有可采煤层 13 ~ 18 层，总厚度约 30m，为高沼瓦斯矿。由于瓦斯易于聚积，原有通风设备难于满足安全生产的需要，对工作面安全作业环境与产能提升提出了严峻挑战。本次相似模拟选择 11 - 2 槽煤层 2171(1)工作面煤层倾角 6° ~9°，属近水平煤层，煤层赋存稳定，煤厚 1.5 ~ 2.2m，平均 1.8m。地面标高 +19 ~ +23m，工作面标高 -729 ~ -690m，实行综合机械化采煤。预计煤层瓦斯自然含量为(10 ~ 11)m^3/t，具有爆炸危险性，爆炸指数为 37% ~42%，地温 33 ~ 34℃，地压明显。被保护层为 13 - 1 煤层，位于 11 - 2 煤层上部约 67m 处。根据工作面开采实际和试验要求(图 4.1)，地面标高取 22m；工作面标高取 -720m，上覆岩层总厚度为 742m。工作面走向长 1780m，倾向长 206m。根据开采设计，工作面实际每天进 6 刀，进尺 3.6m。采用中国矿业大学(北京) 4.2m 长的平面相似模型试验台，模拟总厚度 164.02m，即模拟自煤层底板—煤层—顶板共 48 层，其中底板 8m，煤层厚度 1.8m，顶板厚度 156.02m。

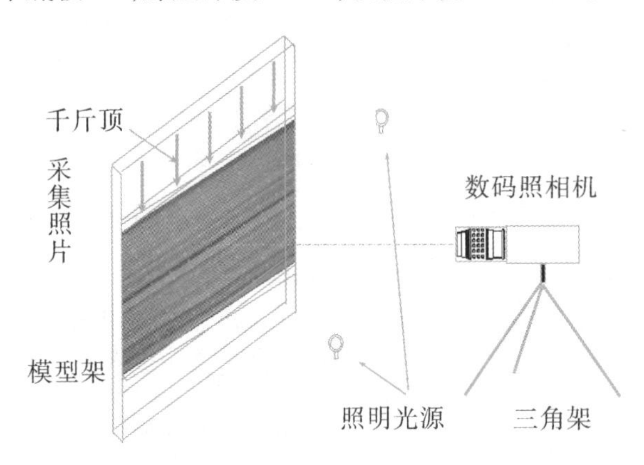

图 4.1 保护层开采相似模拟试验

随着工作面向前推进，上覆岩层依次经历了直接顶初次垮落、老顶大范围垮落、周期垮落与最终垮落，从开切眼处推进 20m 时，出现直接顶初次垮落(图 4.2a)，推进到 35m，老顶初次垮落，推进到 50m，老顶大范围垮落(图 4.2b)，推进到 55m，出现周期性垮落，图 4.2c 为工作面推进到 155m 时出现的周期性

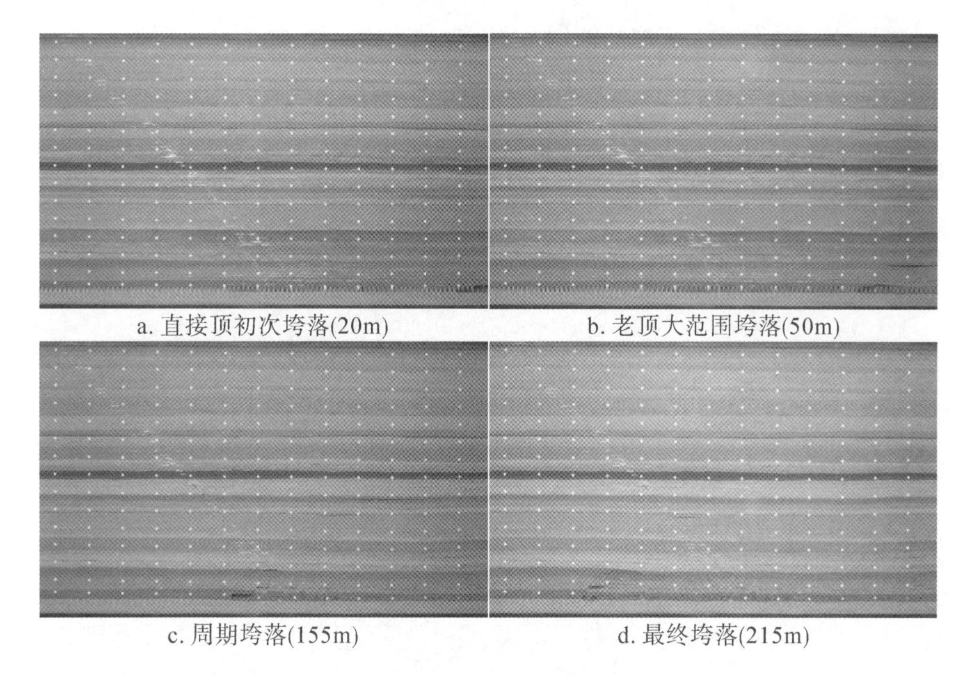

图 4.2 相似模拟试验过程

垮落,最终工作面推进到215m(图4.2d)。试验前在模型表面固定间距布置标记点,随着垮落在上覆岩层逐渐向上传递,标记点的位置也随之变化。在这个动态变化过程中,将高清数码摄像机固定位置,对每个开挖过程进行拍照,就得到了开挖过程的动态捕捉。由于相似模拟材料主要为细砂,多成黄色系,煤需要用墨加黑标识,另外图片中还含有一些杂色,包括裂隙背景等,而标记点为白色,因此选用 Matlab 软件进行处理,最后将图片进行二值化并反色处理,即可得到清晰的标记点,图片尺寸均为:宽度 998 像素,高度 596 像素,而标记点形状大多为中间含 1 ~2 个像素点,周围为一圈像素点包含,编程提取每个标记点像素的坐标,然后将其坐标平均化,即可得到每个标记点的坐标(X_i , Y_i)[见式(4-1)],事实上由于单个像素的尺寸是唯一的,因此只需度量像素数量即可。

$$\begin{cases} X_i = \sum_{j=1}^{n} x_j/n \\ Y_i = \sum_{j=1}^{n} y_j/n \end{cases} \tag{4-1}$$

式中:j 为像素点数量编号,x_j 、y_j 分别为 j 像素点的横、纵坐标,n 为单个标记点所含像素总数目。

图4.3为二值化后提取的标记点及局部放大示意图,相似模拟模型为二维,忽略厚度方向影响,以相邻4个标记点围成的四边形为基本单元,变形前4个点为 O'_1 、O'_2 、O'_3 与 O'_4 ,变形后4个点为 O_1 、O_2 、O_3 与 O_4 ,为方便程序求变形前后的基本四边形单元面积,以变形后为例,将其划分两个三角形: $\Delta O_1O_2O_4$ 与 $\Delta O_3O_2O_4$,则体积应变为

$$\varepsilon_V = \frac{S' - S}{S} = \frac{S'_{124} + S'_{324} - S_{124} - S_{324}}{S_{124} + S_{324}} \tag{4-2}$$

式中: S' 为变形后的四边形面积,由 S'_{124} 与 S'_{324} 组成, S 为变形前的四边形面积,即尚未进行任何开挖的面积,其值是始终固定的,由 S_{124} 与 S_{324} 组成。

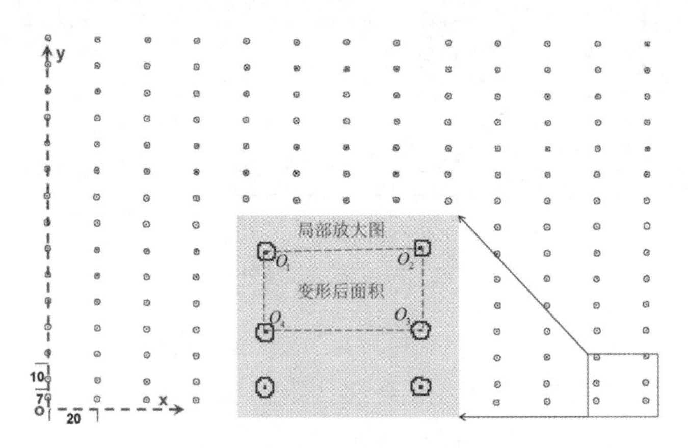

图4.3 二值化后提取的标记点

4.2.2 体积应变-渗透率关系的理论扩展

采动中煤体瓦斯渗透率的变化反映裂隙增透的效果,而孔隙裂隙的演化联通直接影响渗透率,Kozeny与Collins基于理论模型指出了渗透率与孔隙度间的关系,而试验中真实测得孔(裂)隙率的变化极其困难。笔者曾开展了不同瓦斯压力条件下的全应力-应变过程渗透率变化耦合试验,发现渗透率的变化与体积应变的变化十分一致。基于此尝试利用体积变化来反映孔隙的变化,建立体积应变渗透率关系方程。图2.13为一典型轴应变-渗透率关系曲线,将体积应变绘制其中。可见渗透率相对于体积应变具有滞后性,可能是试验测量数据延迟性导致的。除初始体积压缩阶段,整体趋势关系为随着体积膨胀的增加其渗透率逐渐增大。将试验数据利用多项式拟合,得到体积应变(ε_V)-渗透率(k)关系方程

$$k = -410461\varepsilon_V^2 - 71713\varepsilon_V + 602.59 \tag{4-3}$$

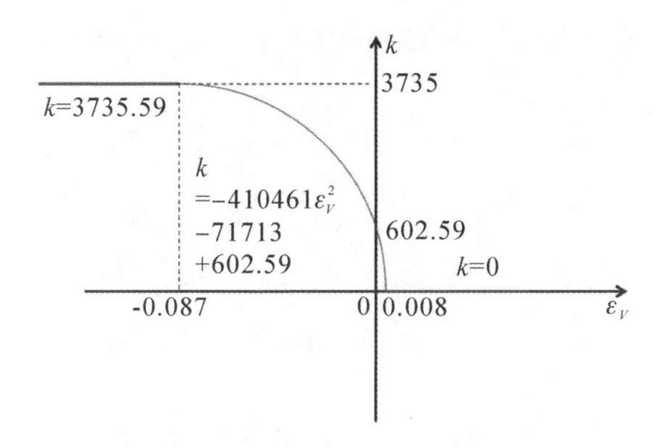

图 4.4 体积应变渗透率理论关系曲线

由于式(4-3)为二项式拟合方程,存在极值点并存在上升下降段,因此其成立范围是有限的,同时试验室开展的全应力-应变耦合渗透试验所用煤样有尺寸与渗透率测量范围的局限性,如无法得到更大体积应变下的渗透关系,假设超出最大膨胀体积应变后渗透率维持最大值,因此结合试验情况给出理论体积应变-渗透率关系曲线(图 4.4),同时得到理论体积应变(ε_V) - 渗透率(k)关系方程

$$k=\begin{cases}3735.59,\ \varepsilon_V<-0.087\\-410461\varepsilon_V^2-71713\varepsilon_V+602.59,\ -0.087\leqslant\varepsilon_V\leqslant0.008\\0,\ \varepsilon_V\geqslant0.008\end{cases}\tag{4-4}$$

式中:渗透率单位为 $10^{-18}\ \mathrm{m}^2$。

4.3 采场变形及渗透率分布特征

随着工作面的推进,巷道围岩应力分布重新调整,导致围岩体积膨胀变形向巷道挤压,塑性变形几乎瞬时发生导致围岩卸压破坏,其方式由延性向脆性转化,在体积膨胀区域产生大量裂隙,同时围压降低导致瓦斯解析加速,瓦斯浓度较高。图 4.5 为采场体积应变分布,当直接顶初次垮落时,由于试验布置标记点密度不足,导致其未能有效监控其体积变化(图 4.5a),但从采场整体看,其对围岩影响较小,其变形主要集中于开挖导致的局部垮落。当工作面推进到 50m 时,出现了老顶的首次大范围垮落(图 4.5b),这种大范围垮落导致采场裂隙增加,表现出更大范围的体积膨胀变形,最大体积应变达到 -0.14。在工作面临空

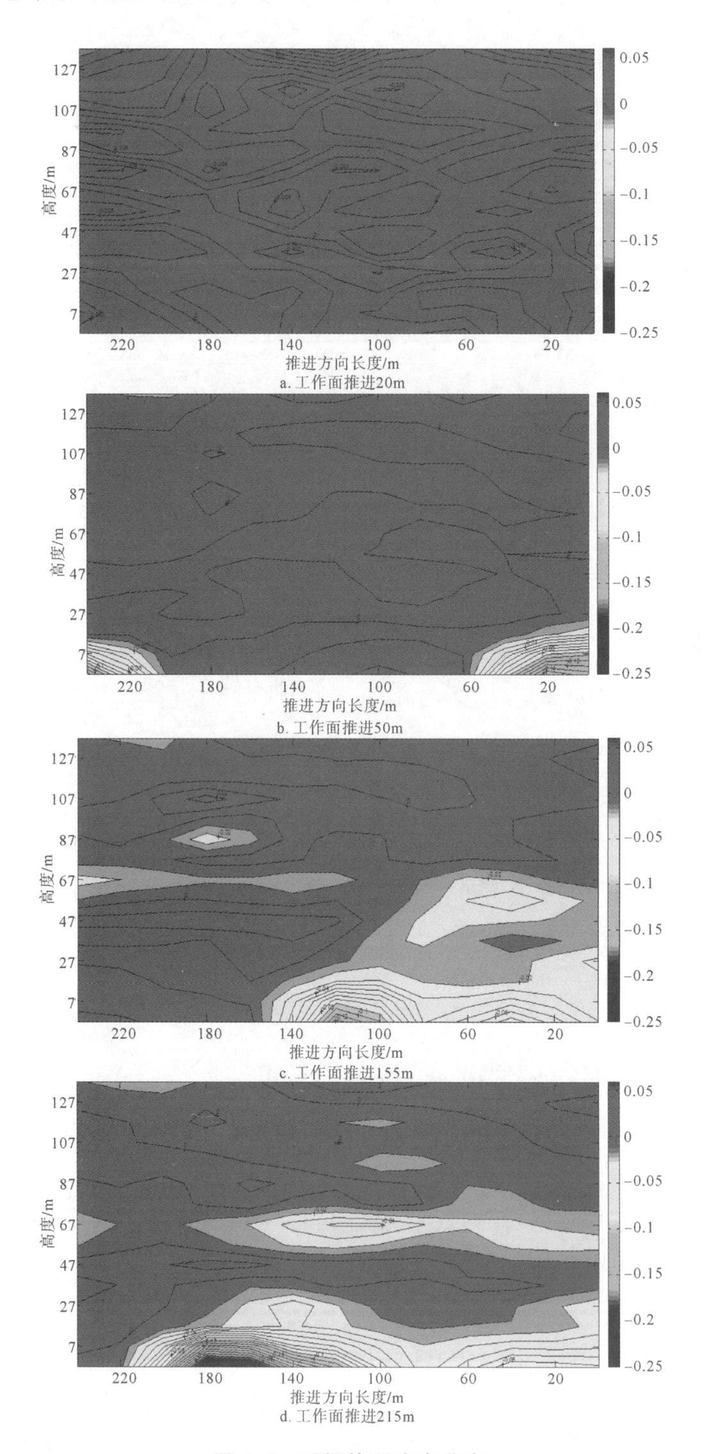

a. 工作面推进20m

b. 工作面推进50m

c. 工作面推进155m

d. 工作面推进215m

图4.5 采场体积应变分布

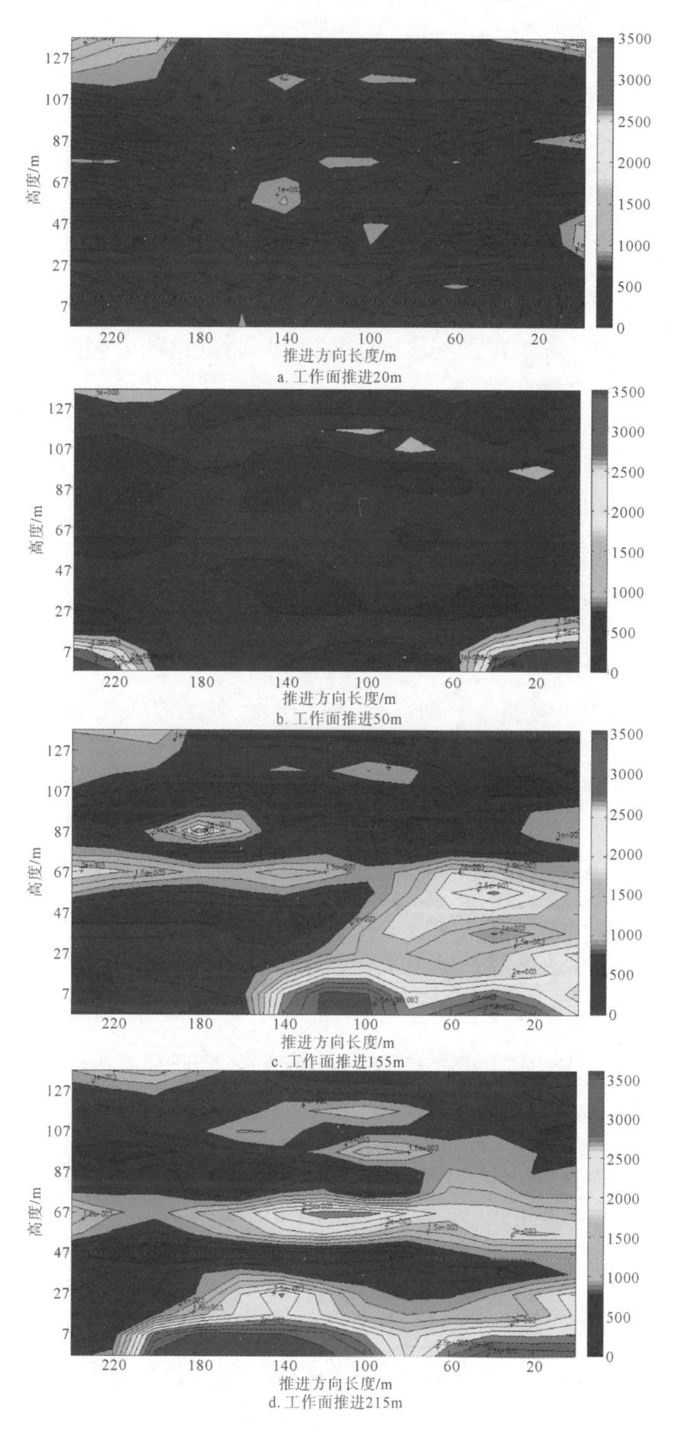

a. 工作面推进20m

b. 工作面推进50m

c. 工作面推进155m

d. 工作面推进215m

图 4.6　采场瓦斯渗透率分布(单位：10^{-18} m^2)

区,逐渐过渡到上覆岩层,无论是工作面前方还是上覆煤岩层变形分布规律性明显增强,其导通区逐渐增大,但数量级仍较小。照片处理时,左下角出现异常,导致左下角部分变形较大,为处理错误,从变形看,开挖尚未对这里产生扰动,因此可以忽略。当工作面推进到155m时(图4.5c),已出现多次周期性垮落,工作面临空区附近对围岩的扰动仍最大,在垮落区由于上覆岩层将其重新压实,体积减小,瓦斯通道闭塞。另一方面上覆岩层压力得到释放,同时裂隙发育向上拓展,垮落区上部膨胀区域拓展到被保护层(67m)。工作面后方形成大面积的体积膨胀区,而工作面前方上覆岩层仅被保护层区域体积开始膨胀,程度小于垮落区上覆岩层。当推进到215m时,上覆煤岩层卸压增透明显,尤其是在被保护层区域形成贯通整个区域的体积膨胀带,而在开采区,形成一个蝌蚪状的体积膨胀区,在工作面附近最大,垮落区由于较早开采区域逐渐被压实,形成的瓦斯通道逐渐闭合。在被保护层区域同样存在这种现象,但其滞后于工作面开采,可见上覆岩层移动需要经历一个时间与空间过程,因此抽采被保护层瓦斯时钻孔应该在斜向后上方集中布孔,更有利于解析抽取瓦斯。

由式(4-4),根据体积应变分布演算出渗透率分布,见图4.6。初始开采时,卸压区间较小,整体变形不大,采场整体渗透率变化不大,事实上在开采区域存在有限的渗透率增大区域及蝌蚪头部开始形成(图4.6a)。工作面推进到50m时,中心区域渗透率增长到最大值,周边区域逐渐减小过渡到初始渗透值。工作面前方58m,上方区域25m,渗透率都有明显增大(图4.6b)。当工作面推进到155m时,对应体积应变分布,蝌蚪状分布开始形成,垮落区上方到被保护层渗透率开始增大,而且被保护层前方区域也有明显增大趋势(图4.6c)。当工作面推进到215m时,被保护层出现较完整的渗透率蝌蚪状分布,其滞后于采空区,同样垮落区逐渐被压实,渗透率开始减小(图4.6d)。

图4.7与图4.8分别为保护层与被保护层体积变形、渗透率分布与工作面推进长度关系曲线。当工作面推进155m时,前方渗透率先减小然后恢复到初始渗透率水平,因为卸压区煤体破裂产生大量裂隙,瓦斯充分解析,但在支承压力峰值点附近瓦斯通道被压力重新压实;垮落区同样存在支承压力峰值区域,渗透率先减小后增大,由于裂隙较大,其渗透率明显高于工作面前方,可见工作面

临空区应保持通风降低瓦斯浓度。此时被保护层得到有效卸压,相比初始渗透率增大了1~4倍左右,在工作面后方同样存在渗透率峰值区间,但滞后于保护层约50m。工作面前方被保护层渗透率要大于保护层区域,可见卸压扩散向上有个漏斗效应,越往上范围越大,这与实际沉降趋势也是相符的。当工作面推进到215m时,渗透率增长范围继续扩大,由于整个模型基本采空,垮落区渗透率变化不大,但被保护层渗透率相比155m时有较大增高,并且峰值区间也向前移动了50m。综上,开采保护层可以有效地释放上部岩层压力,造成其体积膨胀与渗透率增高,而被保护层与周围岩体刚度上差异明显,进一步加剧了其变形,可见基于相似模拟可视化方法与煤气耦合渗透试验建立被保护层卸压增透效果评价模型具有可行性与合理性。

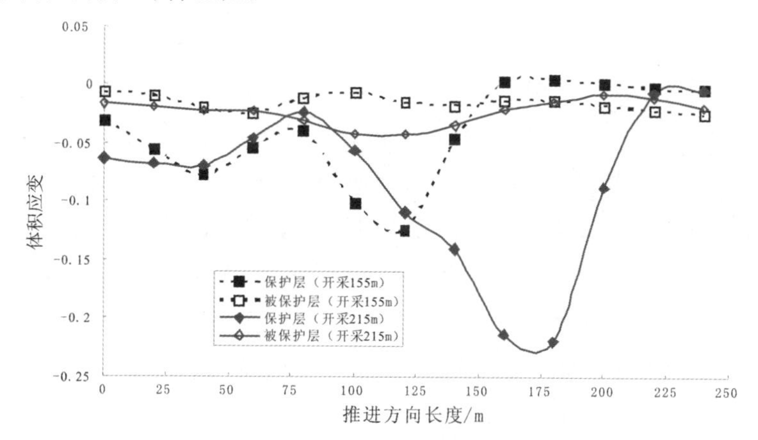

图4.7　保护层与被保护层体积变形与工作面推进长度关系

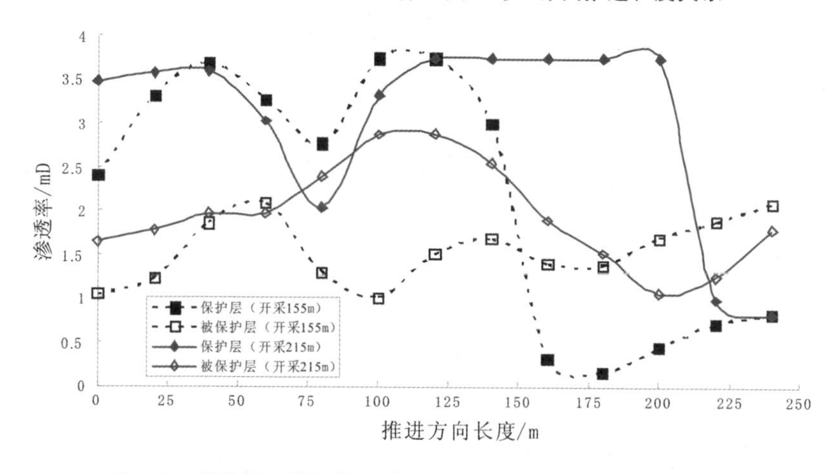

图4.8　保护层与被保护层渗透率分布与工作面推进长度关系

4.4 本章小结

上述研究表明,开采保护层可以显著释放被保护层压力,引起被保护层裂隙发育、体积膨胀及渗透率增高,总结如下:

(1)孔隙的收缩扩展及联通直接反映着渗透率的变化,也直接影响煤岩体的体积变形。孔(裂)系的定量描述及实时测量存在困难,由此建立理论体积应变(ε_V)-渗透率(k)关系方程

$$k=\begin{cases}3735.59, & \varepsilon_V<-0.087\\ -410461\varepsilon_V^2-71713\varepsilon_V+602.59, & -0.087\leqslant\varepsilon_V\leqslant0.008\\ 0, & \varepsilon_V\geqslant0.008\end{cases}$$

式中:渗透率单位为 $10^{-18}m^2$ 。本书是基于实验室小尺度条件下建立保护层开采对被保护层变化的影响关系,从相对数量级上看增透效果可以作为煤矿评价被保护层增透效果的一个方式,下一步将结合现场试验及更大尺寸试验综合分析研究体积膨胀及渗透率增长分布规律。基于相似模拟可视化方法与煤气耦合渗透试验建立被保护层卸压增透效果评价模型具有可行性与合理性。

(2)工作面前方被保护层渗透率要大于保护层区域,可见卸压扩散向上有个漏斗效应,越往上范围越大。后方随垮落区的形成与再压密,其渗透率也逐渐减小,形成类似蝌蚪状分布。

(3)随着工作面向前推进,体积膨胀与渗透率演化分布是一致的,针对潘一矿来讲被保护层渗透要滞后于保护层约50m,因此斜向后方密集布置钻孔更有利于瓦斯抽采。

5 采动中煤应力－瓦斯渗流耦合试验研究

室内真实有效模拟煤矿采动力学行为与瓦斯流动规律对防治煤与瓦斯突出灾害认识机理有着重要的指导意义。试验基于河南平煤股份八矿已 14－14120 工作面(深度约 690m)加工煤样,利用含瓦斯煤热流固耦合三轴伺服渗流装置开展煤气耦合渗透实验。根据三种不同开采条件下工作面前方支承压力与水平应力分布规律设计加卸载方案,研究结果为工作面合理抽采瓦斯,防止煤与瓦斯突出、瓦斯超限等安全开采提供必要的理论支持。

5.1 引言

不同开采方式下工作面前方煤体应力环境不同,其分布规律与强度数值具有本身典型特征[89]。总体上讲,支承压力分布均为原始应力区、升压区与降压区,直至降低到煤体残余应力强度,而水平应力分布从原始应力区逐渐过渡到完全卸压状态,变形分布从弹性区过渡到塑性区。距离工作面较近的地方为煤体破裂损伤区,瓦斯解析较完全,但破裂损伤区间过小,无法充分释放前方煤体的瓦斯含量。由于存在支承压力区峰值系数,导致其附近膨胀变形破坏利于解析瓦斯,但进一步瓦斯孔隙裂隙通道闭合,影响瓦斯抽取与排放。因此,研究保护层开采条件下前方煤体的裂隙产生、分布及采动应力瓦斯渗透耦合规律可为改善工作面作业安全与提升产量提供理论支撑[77]。

支承压力分布的研究无论是从理论、数值模拟还是实际监测方面,国内外学者都做了大量卓有成效的工作,基本共识也是一致的,认为存在支承压力峰值系数,煤体处于不同的应力状态,导致其不同变形,最终影响裂隙的分布、贯通与瓦斯的吸附解析[110-112]。多数成果是针对支承压力的定性评价判断，具体的都是针对某一具体工作面的实际监测情况，未从定量角度分析不同开采条件下工作面前方煤体应力状态的差异特征[113-118]。而水平应力的分布及其对煤体变形的影响更是鲜有涉及。目前关于室内三轴试验不同学者都开展了大量的研究，如加载探讨材料力学性质到卸载探讨深部煤体赋存应力环境，如何定量准确描述煤岩体采动力学应力特征及其与裂纹发展导致渗透规律演化还尚少。因此综合考虑工作面前方煤体应力分布特征并同时考虑瓦斯耦合作用对于防治煤与瓦斯突出具有重要意义。

根据谢和平提出的作为高效开采、绿色开采和安全开采模式的 3 种不同开采条件：无煤柱开采、放顶煤开采与保护层开采，根据统计，其峰值系数区间分别对应为 2.5～3.0（图 2.10a）、2.0～2.5（图 2.9a）、1.5～2.0（图 2.8a）。总体上讲，无煤柱开采对前方煤体影响无论强度还是范围都较大，放顶煤次之，保护层最小。

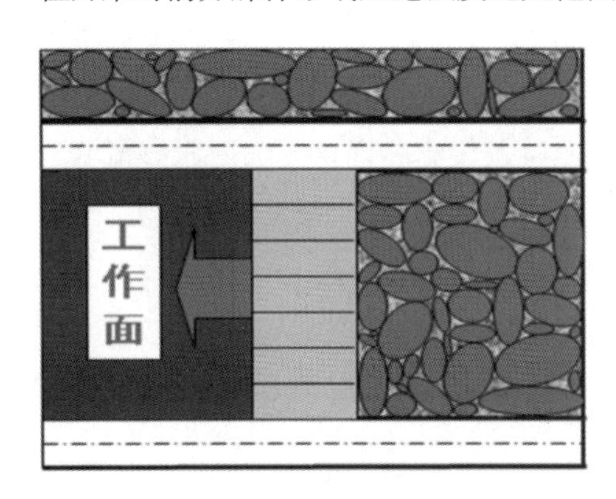

图 5.1　无煤柱开采

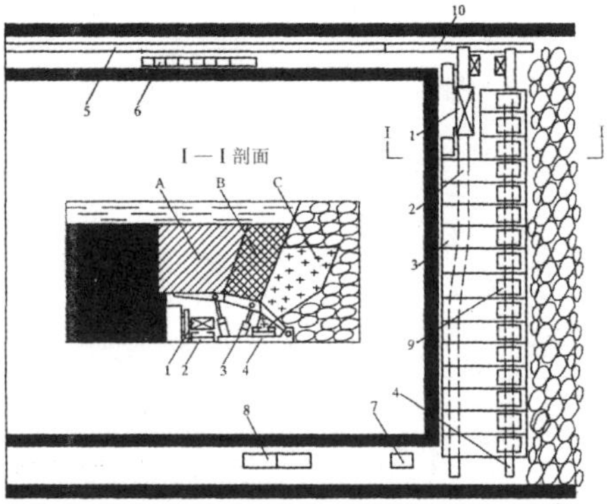

图 5.2　放顶煤开采

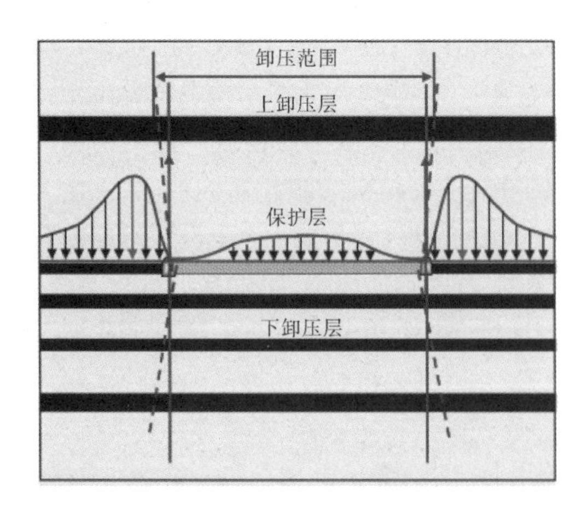

图 5.3　保护层开采

根据平顶山煤岩体低渗透率含高瓦斯特征，开展3种不同开采条件下的煤体的采动卸压煤气耦合实验，分析工作面开采过程中前方及上方煤体变形、裂隙发育分布与瓦斯渗透规律，为工作面合理抽采瓦斯，防止煤与瓦斯突出、瓦斯超限等安全开采背景下提供必要的试验基础支持。

5.2 采动卸压煤体瓦斯增透耦合试验

5.2.1 样品加工及试验原理

煤与瓦斯共采973项目选取了几个典型的实验基地，其中就有河南平顶山八矿。经过考察，选取已14－14120工作面，该工作面位于二水平己二上山采区西翼，东起采区上山，西至十二矿北风井己组保护煤柱线，南邻正在准备的己15－22040采面，北部尚未开发。采用综合机械化开采，工作面标高－656～－510m，地面标高＋120～＋150m，埋深630～806m。根据钻孔资料及揭露己15煤层分析，该采面煤厚在3.4～3.85m，平均3.6m，在构造区域有变薄情况。煤层倾角17°～28°，平均22°，呈西缓东陡之趋势。该工作面瓦斯压力1.8MPa，瓦斯含量23.0m^3/t，根据突出危险等级划分，属突出危险工作面。所选煤样均为割煤机工作面现场割取的煤块，尺寸约30cm×40cm×40cm，总计约110块，约重6t，将其加工成圆柱标准试样：直径50mm、高100mm，将试样进行编号（图5.4）。

图5.4 部分瓦斯渗透实验煤体试样

根据上述3种不同开采条件下工作面前方煤岩体的支承压力与水平应力分布特征，用轴向压力控制支承压力变化，用围压控制水平应力变化。试验同样采用假三轴加卸载方法，即通过升高轴向应力的同时降低围压来模拟工作面煤壁前方垂直应力升高和水平应力卸载的变化，这样就可在室内再现不同开采条件下煤体采动力学行为特征。采用设备为重庆大学研制的含瓦斯煤热流固耦合三轴伺服渗流装置，可进行热－力－流三相耦合试验，其基本构成主要有伺服加载系统、孔压控制系统、水域恒温系统、数据测量系统、三轴压力室及其辅助系统，其设置的基本参数为轴压最大值为100MPa，围压最大值为10MPa，由于采用水温控制的办法，因此温度最大值为100℃。试样均为标准圆柱体，尺寸为$\Phi 50\text{mm}\times H100\text{mm}$。

图5.5 含瓦斯煤热流固耦合三轴伺服渗流装置

将煤体试样放在压力室中并将固定好，调节好各系统工作状态。根据三种不同开采条件的支承压力与水平应力在固定位置处的比值设计加卸载方案，通过控制轴向应力和围压的比率进行，整个加卸载过程可以分为3个阶段，即静水压力阶段、第一卸载阶段、第二卸载阶段，具体实验方案如下：

（1）加压至静水压力状态 $\sigma_1 = \sigma_2 = \sigma_3 = \gamma H$；

（2）破坏卸载前承受的采动力学荷载为

$$\sigma_1 = \alpha\gamma H \tag{5-1}$$

式中，无煤柱开采、放顶煤开采和保护层开采应力集中系数 α 分别取3.0、2.5、2.0；γ 为容重，单位 kN/m^3；H 为埋深，单位m。

（3）对应着 σ_1 从 γH 升高到 $\alpha\gamma H$ 的过程，围岩 $\sigma_2 = \sigma_3$（水平应力）的卸载过程可表示为两个阶段

$$\begin{cases}\text{第一卸载阶段}:\sigma_2 = \sigma_3 = \dfrac{2}{5}\sigma_1 \\ \text{第二卸载阶段}:\sigma_2 = \sigma_3 = \dfrac{2}{5\alpha}\sigma_1\end{cases} \tag{5-2}$$

通过上述方案即可较好地表征工作面前方煤体承载的采动力学应力分布状态的演化过程，应力峰值集中系数 α 可以反映开采方式对煤体采动力学行为的影响，埋深 H 可反映开采深度对煤体发生的采动力学行为变化影响。由于试验设备参数限制综合考虑埋深，假设开采深度为 360m，对应的静水压力状态为 $\sigma_1 = \sigma_2 = \sigma_3 = \gamma H = 9\text{MPa}$ 。考虑到三种不同开采应力峰值系数的并非定值而是一范围，因此选用大小两个极值来反映差异特征。因此将无煤柱开采卸载方案设定为

$$\alpha_{max} = 3\begin{cases}\text{第一卸载阶段}:\sigma_1 = 1.5\gamma H = 13.5\text{MPa},\sigma_2 = \sigma_3 = \dfrac{2}{5}\sigma_1 \\ \qquad = 5.4\text{MPa} \\ \text{第二卸载阶段}:\sigma_1 = \alpha\gamma H = 3\times 9 = 27\text{MPa},\sigma_2 = \sigma_3 = \dfrac{1}{5\alpha}\sigma_1 \\ \qquad = 1.8\text{MPa}\end{cases} \tag{5-3}$$

放顶煤开采卸载方案设定为

$$\alpha_{max} = 2.5\begin{cases}\text{第一卸载阶段}:\sigma_1 = 1.5\gamma H = 13.5\text{MPa},\sigma_2 = \sigma_3 = \dfrac{2}{5}\sigma_1 \\ \qquad = 5.4\text{MPa} \\ \text{第二卸载阶段}:\sigma_1 = \alpha\gamma H = 2.5\times 9 = 22.5\text{MPa},\sigma_2 = \sigma_3 \\ \qquad = \dfrac{1}{5\alpha}\sigma_1 = 1.8\text{MPa}\end{cases} \tag{5-4}$$

保护层开采卸载方案设定为

$$\alpha_{max} = 2\begin{cases}\text{第一卸载阶段}:\sigma_1 = 1.5\gamma H = 13.5\text{MPa},\sigma_2 = \sigma_3 = \dfrac{2}{5}\sigma_1 \\ \qquad = 5.4\text{MPa} \\ \text{第二卸载阶段}:\sigma_1 = \alpha\gamma H = 2\times 9 = 18\text{MPa},\sigma_2 = \sigma_3 = \dfrac{1}{5\alpha}\sigma_1 \\ \qquad = 1.8\text{MPa}\end{cases} \tag{5-5}$$

$$\alpha_{\min}=1.5\begin{cases}第一卸载阶段:\sigma_1=1.5\gamma H=13.5\text{MPa},\sigma_2=\sigma_3=\dfrac{2}{5}\sigma_1\\ \qquad=5.4\text{MPa}\\ 第二卸载阶段:\sigma_1=\alpha\gamma H=1.5\times 9=13.5\text{MPa},\sigma_2=\sigma_3\\ \qquad=\dfrac{1}{5\alpha}\sigma_1=1.8\text{MPa}\end{cases}\tag{5-6}$$

5.2.2 试验过程

根据以上试验原理,可以通过控制加载速率来实施,即可模拟三种不同开采条件下的采动力学应力分布特征变化过程(图5.6),具体试验步骤如下:

(1)原始应力阶段(OA段):施加轴向应力与围压至9MPa,比例为1∶1,加载速率为0.027MPa/s。

(2)第一加卸载阶段(AB段):无煤柱、放顶煤与保护层开采经历的状态一致,轴向应力加载到1.5倍的静水压力,增加到13.5MPa,围压降至5.4MPa,控制加卸载比:$(\sigma_1-\sigma_3):\sigma_3=3.25:1$,加载速率为0.05kN/s,卸载速率为0.012MPa/s。

(3)第二卸载阶段:BE段为无煤柱开采破坏路径,轴压加载至27MPa,围压卸载到1.2MPa,控制加载比$(\sigma_1-\sigma_3):\sigma_3=3.75:1$,控制加载速率0.05kN/s不变,放顶煤与无煤柱轴压加载速率也维持不变,围压卸载速率为0.006MPa/s;BD段为放顶煤开采破坏路径,轴压加载至23.5MPa,围压卸载到1.2MPa,控制加载比$(\sigma_1-\sigma_3):\sigma_3=3.5:1$,围压卸载速率为0.008MPa/s;$BC$段为保护层开采破坏路径,轴压加载至18MPa,围压卸载到1.2MPa,控制加载比$(\sigma_1-\sigma_3):\sigma_3=3.25:1$,围压卸载速率为0.012MPa/s。

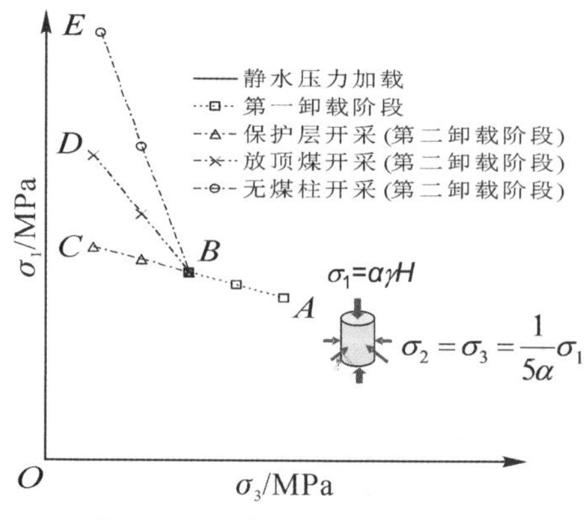

图5.6 采动过程模拟试验方案

进行力学试验的同时，开展瓦斯渗流试验，试验原理为稳态法，加载过程中吸附前采用力控制的方法施加轴压，吸附后采用位移控制的方式施加轴压，加载速率为0.1mm/min。具体步骤概括如下，首先将试样干燥24h，称重并测量高度及直径，然后在外层涂抹1mm厚的硅胶层，放置在三轴压力室中的支撑轴上固定好，套上热缩管，并均匀吹紧；然后将链式径向位移引伸计安装煤样的中间部位，连接好数据传输线，将三轴压力室上座和下座对好；然后紧好螺栓，将瓦斯进出气管连接好，向三轴压力室中充油排空气，用真空泵进行脱气，施加一定的围压和轴压，保持一定的瓦斯压力，向试件内充甲烷气体，充气时间为1h，达到吸附平衡后开始试验。

稳态法的理论依据是假设流过煤试件中的瓦斯气流符合达西定律，测试时保持煤样进气口与出气口瓦斯压力稳定，维持压差不变，测量一定时间内瓦斯流量，即可计算出岩石的渗透率，流量计算公式为

$$Q = A\frac{K}{\mu} \times \frac{\Delta P}{\Delta L} \tag{5-7}$$

式中：A为试样横断面面积；K为渗透率；μ为流体黏度系数；ΔP为进气口与出气口瓦斯压差；ΔL为试样的长度。

瓦斯气体流经的方向存在一个逐渐减小的压力梯度，考虑到体积膨胀，体积流量将不断增加，如果气体流经各横截面的质量流量不变，并假设整个过程为等温过程，则根据玻意尔－马略特定律有

$$Qp = Q_o p_o = c \tag{5-8}$$

式中：Q为任意截面的流量；p为任意截面上的压力；Q_0为大气压力下的瓦斯气体体积流量；p_0为大气压力。

因此整个渗流过程需要一个积分表述过程。取微小长度单元dL，单元内流量为Q，则达西公式的微分形式：

$$K = \frac{Qu}{A} \times \frac{dL}{dp} \tag{5-9}$$

由于dL和dp符号相反，为保证渗透率为正值，添加负号表示意义上的统一。将以上两个公式整合得

$$\frac{Q_0 p_0 \mu}{A} \times \frac{dL}{pdp} \tag{5-10}$$

通过简单的分离变量然后两端积分，即可得到瓦斯气体的渗透率表达式

$$K = \frac{2qp_0\mu L}{A(p_1^2 - p_2^2)} \quad (5-11)$$

式中，K 为瓦斯气体渗透率，单位为 μm^2；P_0 为大气压力，单位为 Atm；A 为煤岩试样的横断面积，单位为 cm^2；μ 为瓦斯气体的黏度，单位为 mPa · s；L 为试样长度，单位为 cm；p_1，p_2 分别为进气口与出气口的绝对压力，单位为 0.1MPa。

5.3 典型试验结果及对比分析

由于试验难度较大，根据试验的进行，先后调整了 3 种不同开采条件下的试样数量，最后无煤柱开展了 5 个试样，放顶煤开展了 4 个试样，保护层开采了 7 个试样，具体参数可查表 5.1。

表 5.1 试验样品参数

开采类型	试件编号	最大轴压	轴压理论范围	抗压强度（MPa）	长度（mm）	直径（mm）	面积（mm^2）	质量（g）
无煤柱	14	93.9	41.91～50.29	90.68	101.1	48.7	1863.721	246.90
	26	50.51	43.08～50.5	27.01	99.5	48.8	1870.379	255.15
	4	39.34	43.08～50.5	21.03	98.8	48.8	1870.379	251.02
	12	51.51	43.08～50.5	26.00	99.9	48.8	1870.379	247.84
	17	50.3	41.91～50.29	27.00	100.1	48.7	1863.721	253.70
放顶煤	25	27.32	33.67～43.08	26.92	99.5	48.8	1870.379	249.20
	8	40.02	33.53～41.91	21.48	99.5	48.7	1863.721	257.55
	13	41.97	33.67～43.08	23.44	99.5	48.8	1870.379	247.86
	16	43.05	33.67～43.08	41.88	100	48.8	1870.379	251.74
保护层	3	33.54	25.15～33.53	33.34	100	48.7	1863.721	258.24
	6	61.57	25.15～33.53	60.6	100.2	48.7	1863.721	257.37
	11	58.22	25.25～33.67	57.61	99.5	48.8	1870.379	253.08
	21	63.17	25.25～33.67	60.24	101.1	48.8	1870.379	246.39
	9	63.33	25.25～33.67	63.1	99.5	48.8	1870.379	243.31
	22	58.38	25.25～33.67	33.49	99.5	48.8	1870.379	253.68
	28	33.54	25.15～33.53	33.41	99.2	48.7	1863.721	243.17

试验结束后，绘制煤样的轴向应力-应变曲线，同时绘制渗透率-应变曲线，图5.7为26号煤试样全应力应变-瓦斯渗透试验曲线，初始轴压为9MPa，峰值点为27.01MPa，峰点支承压力峰值系数为3，比较符合理论值，随后试件逐渐破坏，存在一个应力跌落的过程，其跌落过程较为复杂，首先存在一个压力平台，此时轴向应变还在增长，煤试样轴向力学特性存在短暂的塑性软化现象。然后应力一直跌落到15MPa，此时应变约0.0175，但应变基本维持不变，应力一直跌落到7MPa左右，此时试件突然破坏丧失承载力，随后处于残余压力阶段。整体上看渗透率变化跨越数量级较小，在轴应变达到0.0175时，渗透率发生突变，急剧增加，随后快速增加，此时应力为卸压第二阶段末，可见当轴压较小时，裂纹贯通，瓦斯通道突然形成通畅，导致渗透率急剧增加。在应变达到0.03时，渗透率达到0.77毫达西，这与平顶山煤体试样致密有关。

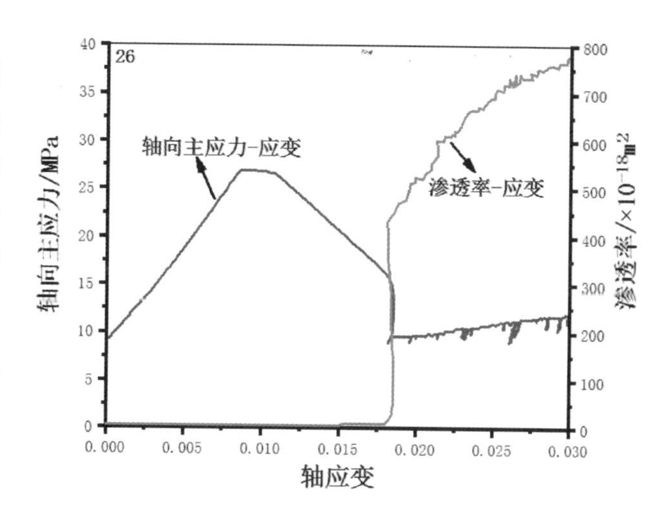

图5.7　26号试样试验曲线(无煤柱)

放顶煤开采条件选取16号试样数据为代表，应力应变曲线基本分为5个阶段，峰值前升压区间、峰值稳压区间、峰值后缓慢降压区间、峰值后急速降压区间、残余应力阶段。在缓慢降压区间前，渗透率随应变变化几乎水平，略有变大，随后在峰值后急速降压区间，渗透率急剧变大，至

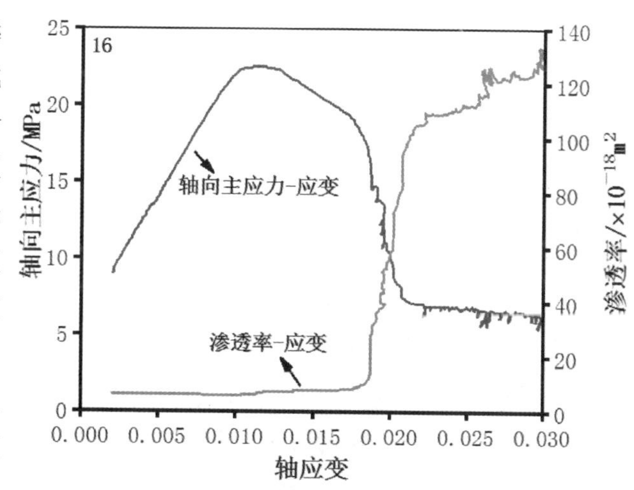

图5.8　16号试样试验曲线(放顶煤)

此煤体破裂，瓦斯通道畅通，随后渗透率缓慢增加，此时残余应力保持稳定，略有减小，当轴应变达到0.03时，渗透率已经增长13倍，渗透率急剧增加阶段轴应变范围为0.0175～0.022。

保护层开采选取3号煤体试样全应力应变－瓦斯渗透实验曲线作为代表，轴向主应力先从0增加到9MPa，再缓慢增加到18MPa，即支承压力峰值系数为2，随后轴向主应力保持稳定，然后分两阶段减压，第一阶段降压较快，第二阶段降压较慢，随后有一个应力跌落的过程，煤体试件裂纹贯通，突然破坏，最后进入残余应力阶段，残余应力阶段数据存在多个抖动峰值，这与破坏后裂纹压密闭合具有突然性有关。随着轴向应力的增加，渗透率在轴应力增压到峰值前基本保持不变，应力峰值持平阶段，渗透率有所上升，裂纹开始大量产生，随后两个降压阶段，渗透率缓慢增加，当试件突然破坏时，渗透率急剧增加，然后再残余应力阶段，渗透率缓慢增加。渗透率急剧增加时，轴向应变约在0.016～0.0175处，当应变达到0.03时，渗透率相比初始渗透率增加了26倍。

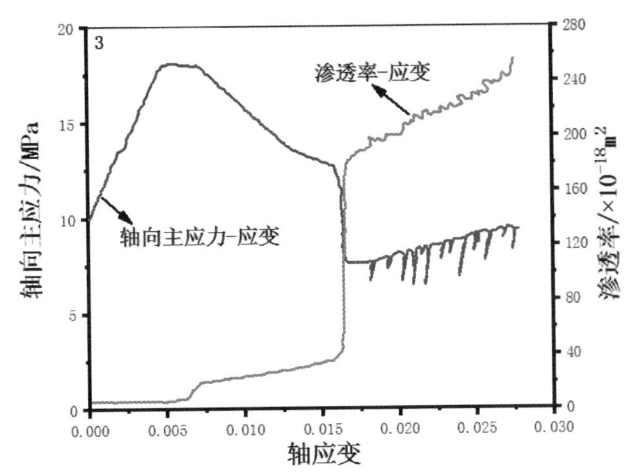

图5.9　3号试样试验曲线（保护层）

5.4　本章小节

上述研究表明，工作面开采引起前方煤岩体变形及瓦斯渗透变化是一个复杂的过程，其主要特点及规律如下：

（1）根据搜集大量工作面前方支承压力数据，可初步将这些数据划分为3个不同开采条件，即无煤柱开采、放顶煤开采与保护层开采，无煤柱支承压力峰值系数范围约为2.5～3.0，放顶煤支承压力峰值系数范围约为2.0～2.5，而保护层开采支承压力峰值系数范围约为1.5～2.0。

（2）三种不同开采条件下，试样由零应力状态恢复到原始应力状态，再过渡到升压区，相对于卸压区渗透率急剧变化，此阶段渗透率基本无变化。结合分布状态，工作面为临空面，前方为卸压区，此区间煤体破坏严重，裂隙通道较多，瓦斯解析充分，易造成工作面瓦斯浓度超标，因此回采过程中有必要加强通风降低瓦斯浓度。煤中瓦斯向临空面流动，而升压区间煤体裂隙增多后又闭合阻碍瓦斯总体趋势流动，有必要将钻孔穿透增压区间，降低煤与瓦斯突出风险。

（3）试件破坏后即轴向应力峰后阶段，3 种开采方式下瓦斯渗透率都呈现急剧增加，又各具特征。无煤柱开采主要分两阶段降压，第二阶段末，裂纹贯通，瓦斯通道突然形成通畅，导致渗透率急剧增加，渗透率整体上变化跨越数量级较小，试样破坏时，渗透率发生突变，急剧增加，随后快速增加。放顶煤开采主要分为 3 个阶段，峰值稳压区间、峰值后缓慢降压区间、峰值后急速降压区间。在缓慢降压区间前，渗透率随应变变化几乎水平，略有变大，随后在峰值后急速降压区间，渗透率急剧变大，至此煤体破裂，瓦斯通道畅通，随后渗透率缓慢增加，此时残余应力保持稳定。保护层开采同放顶煤开采分为 3 个阶段：稳压阶段，渗透率有所上升，此时裂纹开始大量产生；随后两个降压阶段，渗透率缓慢增加；当试件突然破坏时，渗透率急剧增加，然后再残余应力阶段，渗透率缓慢增加。

6 采动裂隙网络演化的逾渗理论研究

6.1 概述

逾渗是用以描述流体在无序介质中做随机扩展和流动的一个数学模型[119]。逾渗问题的研究包含了现代物理的很多重要概念,如相变、临界指数、重正化群等,逾渗的很多概念和模型在无序介质有关问题研究得到了重要应用。1971 年威尔逊(Kenneth G. Wilson)把量子场论中的重正化群方法应用于临界现象的研究,建立了相变的临界理论[120]。逾渗过程中存在相变临界现象,因而在逾渗问题的研究中,我们可以采用逾渗理论建立逾渗模型,分析其逾渗临界特性;也可以采用重正化群的方法建立模型,分析其临界特征。

逾渗理论和重正化群方法广泛应用于地震、岩石破裂、流体输运等岩石力学问题研究领域[121-125]。T. Chelidze[126]早在 1982 年提出了地震过程和破裂的逾渗临界模型以及相关的物理机制。Allegre 等[127]1982 年提出采用重正化群方法发展了类似的观点。逾渗模型也被用于描述地震震源机制——断层临界的黏滑特性研究[128]。M. Sahimi 等采用逾渗理论研究了非均质岩石中的断层布局结构以及地震震源位置的分布[129]。1999 年柯善明等将空间位置相邻的中小地震活动看作键连通集团,建立了地震活动的逾渗模型[131]。冯增朝等[132]建立了煤体孔隙裂隙的逾渗双重介质逾渗模型。梁正召采用 RFPA 模拟了岩石破裂逾渗规律[142]。T. Chelidze 等 2006 年提出了非均质破裂逾渗模型[125]。重正化技术在岩石破裂问题研究方面,如 Madden(1983)[134]研究了微裂纹组的岩石破裂问题，Allegre 等（1982）[127]的裂纹贯通研究，Newman 和 Knopoff（1982，1983）[135,136]也研究了裂纹贯通问题，他们的研究方法不同于通常的重正化群技术；Turcotte（1986）[137]则研究了标度不变性的岩石破碎问题；Shao Peng 等[139]应用重正化群方法建立了爆破后岩石破裂的逾渗模型；陈忠辉等[140]基于重正化群理论的尺度不变性原理提出了一个岩石脆性破裂的平面网络模型。在这些逾渗或重正化模型研究中，通常基于岩石裂隙分布特征，采用随机数值模拟方法研究岩石破裂的逾渗问题，或建立重正化理论模型，而根据试验结果分析实际裂隙分布演化过程的则较少。一些作者也结合各领域研究现状较为系统地总结研究了逾渗与重正化理论在岩石力学中的应用[143-146]。这些研究为我们在上覆岩层采动裂隙演化问题中应用逾渗和重正化群奠定了研究方法的基础。

深部开采上覆岩层裂隙演化过程具有标度不变性，其采动裂隙分布具有分形特征；采动裂隙空间分布具有典型的随机、无序分布的特点；采动裂隙随煤层开采工作面推进是不断变化的，岩层原有裂隙破裂、扩展、丛集、贯通，形成岩层宏观裂隙，引起大规模的地压活动，这一过程是非线性的。上覆岩层随采动破裂过程与逾渗相变过程具有相似性，由于采动产生的小尺度破裂分布是无序的，而随着小尺度破裂的蓄积，当其关联程度逐渐增强并达到关联长度时，大尺度的岩层破裂产生，从而引发周期或大规模的地压活动。上覆岩层采动裂隙演化表现出临界特征[147,148]。这是我们应用逾渗和重正化方法研究这一问题的基本前提。

本章采用逾渗和重正化群理论建立上覆岩层的逾渗模型和重正化模型，分析采动裂隙演化的逾渗特性，并基于上覆岩层采动裂隙试验成果进行了分析。

6.2 采动岩体裂隙网络演化的逾渗理论研究

6.2.1 逾渗理论简介

逾渗概念作为描述流体在随机介质中运动的数学模型，是由 K. Broadbent 和 M. Hamerley[119]在 1957 年首次提出来的，它是概率论的一个分支。考虑一个二维方形点阵，假定在点阵上的格点可以被随机地占据，设每一个格点被占据的概率为 p，不被占据的概率为 $1-p$。若相邻的格点都被占据时，这些格点就组合成为一个集团。显然当 p 增加时，集团的大小也会相应地增大，但仍然是有限的。当 p 达到

某一临界数值 p_c 时，点阵上就会出现一个无限大集团，这时我们认为发生了逾渗相变，并称 p_c 是逾渗阈值，或逾渗临界值。对于二维方形点阵，已计算出 $p_c = 0.59$。图 6.1 是在 $p < p_c$，$p = p_c$，$p > p_c$ 三种情况下逾渗相变的示意图[120]。

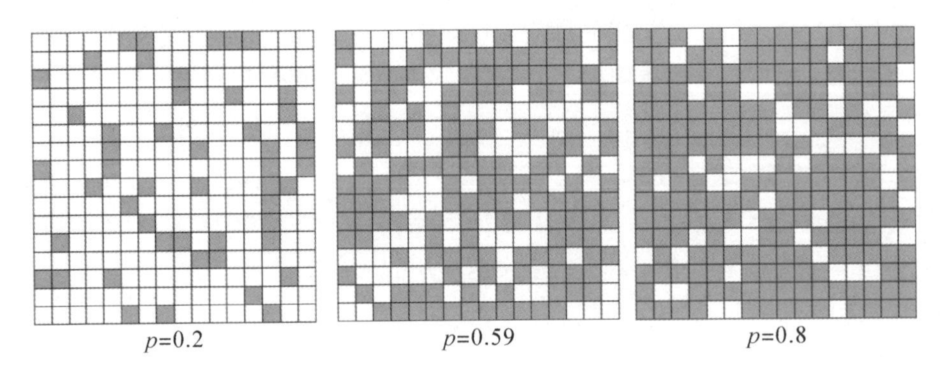

图 6.1　渗流相变示意图

逾渗模型是建立在方形格子构成的网格上的，网格上的格子按一定方式连通，从而形成了逾渗集团，按照连通的方式，可以把逾渗模型分为点逾渗、键逾渗和点键混合逾渗三类。在平面方格点阵上，如果格子上所有的键都被导通键占据，只剩下可随机占有的点集，这样的格点称为点逾渗格子系，相应的模型称为点逾渗模型（图 6.2a）。反之，如果所有的点都被占据，只剩下可随机占有的键集，这样的格子系称为键逾渗格子系，相应的模型称为键逾渗模型（图 6.2b）。当点集和键集都处于随机占有形式时，就称为点键混合逾渗。我们的采动裂隙演化研究采用二维点逾渗模型。

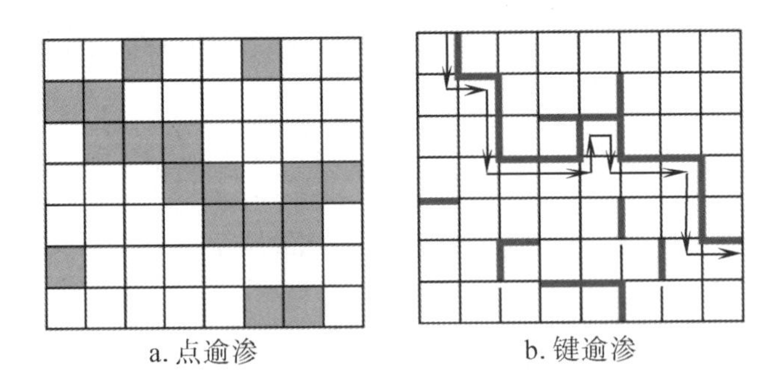

图 6.2　逾渗模型示意图

这里以点逾渗为例研究逾渗的结构特征。逾渗过程的一个重要特征是存在临界概率 p_c，若低于该阈值，逾渗过程将限制在一个有限大的区域。逾渗相变是一个二级相变,在相变时一个重要的物理量是逾渗概率 $P_{\infty}(p)$,它表示无穷大逾渗集团的连通概率,它也表示当网格中点阵以概率 p 连通时逾渗发生的概率。但是,实际上的逾渗集团是有限大的,考虑在一个 $L \times L$ 的正方网格上生长的逾渗集团,网格点数 $N = L \times L = L^2 = L^d$,$d$ 为网格所在的欧几里得空间维数,这里 $d = 2$。设在平面网格上所形成的最大逾渗集团占据了 $M(L)$ 个点,则这具有 N 个格点的逾渗概率为

$$P_N(p) = \frac{M(L)}{L^2} \tag{6-1}$$

与通常相变问题一样,序参量 $P_N(p)$ 在 p_c 点上存在奇异性。当 $p \to p_c$ 时,序参量满足标度律

$$P_N(p) \sim |p - p_c|^{\beta} \quad (0 < p - p_c \leqslant 1) \tag{6-2}$$

式中,$\beta > 0$,称为逾渗概率的临界指数。

在逾渗相变中,通常引入关联长度 ξ 来标志逾渗集团的特征线度。当 $\xi \sim |p - p_c|^{-v}$ 时,ξ 具有如下表达式

$$\xi \sim |p - p_c|^{-v} \tag{6-3}$$

式中,ν 是与空间维数 d 有关的临界指数。

①当 $p < p_c$ 时,$\xi(p)$ 有限。体系中出现了绝大多数线度为 $\xi(p)$ 的有限大小集团。集团线度 $r \leqslant \xi(p)$ 。②当 $p \to p_c$,即从 p_c的下端逼近时,体系中开始现无限大集团,体系正好进入临界状态,集团的线度 $\mathrm{r} \sim \xi(p) \to \infty$。③当 $p > p_c$ 时,体系中出现了大量的无限大集团。集团自身的密度向均匀化发展,集团线度 $\mathrm{r} \sim \xi(p_c) \to \infty$。前两种情况集团显示出自相似性,可用分形维数表征集团分布特征。

我们可以利用初始无限大集团的标度特性来确定集团的分形维数 D_f 和渗流的临界指数之间的关系,其表达式为

$$D_f = d - \frac{\beta}{\nu} \tag{6-4}$$

6.2.2 采动裂隙演化的逾渗理论研究方法

在煤层开采中,上覆岩层移动破裂形成众多分布复杂的采动裂隙,随着开采的进行采动裂隙不断演化时所发生的裂隙产生、扩展、丛集、贯通过程,实质上是一个长程联结性突然产生的过程,说明采动裂隙演化与逾渗过程具有相似性,这

是我们建立逾渗模型的前提。本节根据逾渗理论建立采动裂隙演化的逾渗模型,确定逾渗特性分析参数,并编制逾渗集团分析的计算软件计算逾渗有关参数。

6.2.2.1 采动裂隙演化逾渗模型

上覆岩层在煤层开采过程中的采动裂隙演化过程与逾渗相变过程相似。在一次大规模地压发生前,上覆岩层内的岩层断裂及离层裂隙的发生具有随机性,它们在空间的分布是无序的,即与小规模地压活动相联系的小尺度破裂分布是无序的,而随着煤层开采不断向前推进,小尺度破裂蓄积增多,使上覆岩层采动裂隙密度增大,当其关联程度逐渐增强达到关联长度时,大尺度的覆岩破裂产生,从而引发周期或大规模地压活动。基于上述思路,我们可以尝试利用逾渗模型来研究上覆岩层采动裂隙演化特征。

根据上覆岩层采动裂隙演化过程和影响区域,在二维平面正方形区域内,我们将采动裂隙所处的覆岩区域均匀划分为大小相等的正方形小方块,上覆岩层就变成由这样的小方块组合而成为点阵网络[138](如图6.3)。在这样的网络中,每一方格所覆盖的裂隙图像信息代表其是否发生破裂,若某一方格中存在裂隙图像信息,则可以认为由该方格所代表的岩石块体发生了破裂。我们可将空间位置相邻的采动裂隙看作逾渗连通集团,通过研究逾渗阈值附近的集团分布及结构研究,讨论采动裂隙网络系统的逾渗特征。每一方格所代表的岩石块体可看作具有破裂强度 σ_f 的单元裂隙块体,从而划分覆岩的方格网络就变成了由单元裂隙块体组成裂隙岩体逾渗网络模型。我们可将采动引起的地压活动(较大规模的覆岩破裂)与单元裂隙块体的破裂行为联系起来。

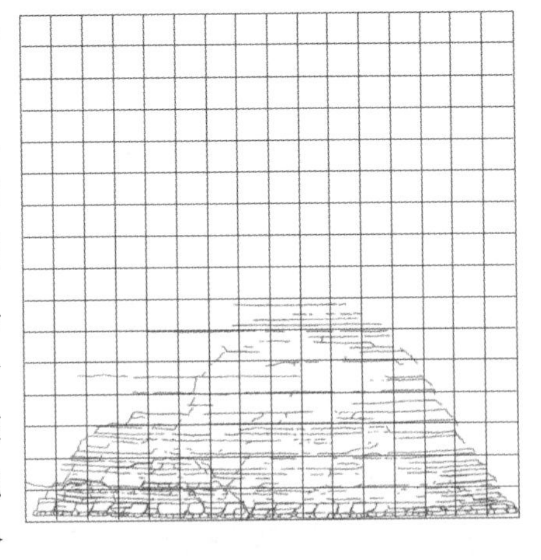

图6.3 采动裂隙逾渗模型网格划分

上面假定我们单元裂隙块体的破裂强度为 σ_f,即当单元裂隙块体上的应力达到 σ_f 时,这一单元裂隙块体才破裂,对于不同岩石属性的单元裂隙块体,其破裂强度 σ_f 不同,但可以假定它们满足一定的统计分布,并假定当 $\sigma > \sigma_f$ 时,单元裂隙块体破裂。岩石破裂的研究成果表明,一般情况下岩石破裂强度分布符合 Weibull 分布[149],这里我们也可以假定上覆岩层单

元裂隙块体的破裂强度分布符合 Weibull 分布，即

$$p_a = 1 - \exp[-(a\sigma/\sigma_0)^m] \tag{6-5}$$

式中，p_a 为单元裂隙块体破裂强度小于应力 $a\sigma$ 的概率；σ_f 为单元裂隙块体破裂平均强度；a 为系数，代表 Weibull 分布形态差别；m 为概率分布的形态系数，反映单元裂隙块体强度的非均匀性，因此也可作为岩石的均质度参数，m 越大表示岩石材料越均匀。我们取 $m = 2$，$a = 1$，即假定单元破裂块体破裂强度 σ_f 小于 σ 的概率满足标准的二次 Weibull 分布

$$p_1 = 1 - \exp[-(\sigma/\sigma_0)^2] \tag{6-6}$$

当破裂概率 p_1 达到某一临界值即逾渗阈值 p_c 时，上覆岩层中就会出现一个由相互连通着的破裂单元裂隙块体组成的贯穿整个采动裂隙网络系统的无限大集团，即逾渗集团，此时采动裂隙网络系统发生了逾渗相变。在相变时我们通常选择序参量描述系统的有序程度，逾渗模型中的序参量为逾渗概率。当破裂概率为 p_1 时，将方格点阵上任一单元裂隙块体属于逾渗集团的概率称为逾渗概率，用 $P_N(p_1)$ 表示。当 p_1 小于逾渗阈值 p_c 时，由于上覆岩层中不存在逾渗集团，逾渗概率是恒等于零的，此时系统只存在一些有限大小的由若干破裂单元裂隙块体组成的集团。而当 p_1 大于逾渗阈值后，系统将出现逾渗集团，逾渗概率 $P_N(p_1)$ 会随着 p_1 的增加而很快地增大。这表示无限大集团吞并了其他有限大小的集团，整个点阵网络被一个无限大集团所占领[131]。在逾渗阈值附近，可将逾渗概率表示为

$$P_N(p_1) \sim |p_1 - p_c|^\beta \tag{6-7}$$

式中 β 为逾渗概率的临界指数。

这里，我们也引入关联长度 ξ 来表示同一逾渗集团中两个单元裂隙块体之间的平均距离。当采动裂隙网络系统的破裂概率 p_1 未达到 p_c 时，关联长度是有限大小的，上覆岩层中最大的破裂尺度就是关联长度。在相变临界点时，采动裂隙网络系统将出现长程关联，从而引发大规模的岩层破裂。在逾渗阈值附近，相关长度可表示为

$$\xi \sim |p_1 - p_c|^{-v} \tag{6-8}$$

式中，ν 是临界指数。

在采动裂隙网络系统的破裂概率 p_1 未达到 p_c 时，采动裂隙的空间分布是分形的，可用分形维数表达逾渗集团的维数，随着破裂概率的增大，采动裂隙充满

整个空间,逾渗集团吞并了有限大小集团,采动裂隙网络系统被一个无限大集团占领,则其分维逐渐接近空间维数。

6.2.2.2 采动裂隙演化逾渗临界参数

为了研究已上覆岩层采动裂隙的逾渗特性,我们还可以建立与前面讨论相似的其他逾渗模型。仍然建立与图 6.3 一样的采动裂隙二维方格点阵模型,但这里我们不再考虑单元裂隙块体的破裂强度问题,即不考虑裂隙的产生机理,只考虑根据试验已获得的采动裂隙分布演化问题。则由此可计算某些方格上存在裂隙的概率,即采动裂隙在方格上存在的比例 p,相邻方格上都有采动裂隙时,它们属于同一裂隙集团。当 p 较小时,即采动范围较小时,上覆岩层中产生的采动裂隙形成各种尺度但有限大小的裂隙集团,而且这些裂隙集团是相互孤立的,还没有相互连通为贯通的裂隙集团,上覆岩层整体上没有出现大规模的地压活动;随着 p 的增大,裂隙集团的平均尺度逐渐增大,直到采动裂隙所占方格比例达到某一阈值时,出现贯通的跨越集团,上覆岩层整体上出现大规模的地压活动。逾渗的有关参量均可求出,从而分析采动裂隙演化的逾渗特性[130]。

为了便于通过计算机进行统计分析,定量研究采动裂隙逾渗问题,我们定义下面一些有关参量[130,150]。

1)基本参数

①集团尺寸 s,定义为裂隙集团内的裂隙所占的格点数。

② $n(s)$:裂隙集团尺寸为 s 的集团数,按照集团所包含格点数量大小,按顺序给出。统计前应对所有集团进行循环比较,按照 $s = 1 \cdots S_{max}$ 分别统计计入 $n(s)$。注意 s 不一定是连续的自然数,更多可能是间断的正整数。

③ $n_p(0)$:表示不存在裂隙(未被占据)的格点数。

④ $B(L)$:为 $L \times L$ 内被占据格点的总数

$$B(L) = \sum_{k=1}^{k_{max}} s(k) \text{ 或 } B(L) = \sum_{s=1}^{S_{max}} s \cdot n(s) \tag{6-9}$$

式中,k 为集团编号;$s(k)$ 为对应 k 的集团大小。

⑤ S_{max}:为最大裂隙(占据)集团大小,即前面式(6-1)中的 $M(L)$,$S_{max} = M(L)$。

⑥采动裂隙存在概率 p:存在采动裂隙的格点与所有格点的比值,也就是上覆岩层采动裂隙占整个上覆岩层面积的比,即裂隙率 n。

$$p = \frac{B(L)}{L^2} \tag{6-10}$$

2）计算参数

①总裂隙集团数 K_p：所有不同大小的集团总数

$$K_p = \sum_{s=1}^{s_{max}} n(s) \tag{6-11}$$

②裂隙集团平均大小

$$S_{av}(p) = \frac{\sum_{i=1}^{S_{max}} s^2 \cdot n(s)/B(L)}{\sum_{i=1}^{S_{max}} s \cdot n(s)/B(L)} \tag{6-12}$$

Hoshen 和 Kopelman 提出计算折合的集团平均尺寸（Reduced averaged cluster size）来研究逾渗集团的临界性[141]。

$$I_{av}'(p) = \sum_{s=1}^{S_{max}} s^2 \cdot n(s)/B(L) - S_{max}^2/B(L) \tag{6-13}$$

但本书在计算中发现其数值与 $S_{av}(p)$ 相当，因此这里只讨论 $S_{av}(p)$。

③逾渗概率 $P_N(p)$：在裂隙存在概率为 p 的情况下，最大裂隙集团中裂隙的数量 $M(L)$ 与所有格点的总数的比值。

$$P_N(p) = \frac{M(L)}{L^2} \tag{6-14}$$

④大小为 s 的集团的回转半径 R_s

$$R_s^2 = \frac{1}{s}\sum_{i=1}^{s} (r_i - \bar{r})^2 \tag{6-15}$$

其中，$\bar{r} = \frac{1}{s}\sum_{i=1}^{s} r_i$，而 r_i 是第 i 个格点的矢量位置（即格点所在行、列值作为 x、y 值），$r_i = \sqrt{x^2 + y^2}$。$\bar{r}$ 是集团的质心。

统计大小为 s 的集团的回转半径 R_s 时，$n(s)$ 个集团的 R_s 可能不同，要全部计入进行平均。那么计算 R_s 应考虑 $n = 1 \cdots n(s)$ 的所有集团均要计算，即 $R_s(n)$

$$R_s(n) = \sqrt{\frac{1}{s}\sum_{i=1}^{s} (r_i - \bar{r})^2} \tag{6-16}$$

我们可以把非跨越集团回转半径的平均值定义为 ξ，也可把最大的非跨越集团的回转半径定义为 ξ。

$$\xi = \frac{\sum_{n=1}^{n(s)} R_s(n)}{n(s)} \tag{6-17}$$

6.2.2.3 采动裂隙演化的逾渗计算机模拟

在逾渗模型研究的研究过程中，我们通常采取计算机进行模拟分析方法。研究逾渗问题大体上分为3个步骤，第一步是生成逾渗集团，这是最基础的工作；第二步是标定集团，即找出每个集团所包含的格点，并对集团编号，以便进一步分析，这是整个分析中最困难的工作；第三步是根据第二步的结果，具体计算分析逾渗有关参量。

1)生成逾渗集团

对于我们所研究的上覆岩层采动裂隙演化问题，所谓的逾渗集团的生成，是指采动裂隙网络二维图像获取，获取不同开采宽度时的裂隙在二维空间的分布图像来建立逾渗模型。获取的方法通常有3种方法，即现场勘测、物理模拟和数值模拟。

现场勘测，我们可以采用地质钻探、地球物理方法等手段进行探测确定，根据调查得到的数据采用计算机方法进行裂隙重构，但由于费用较高或全空间范围准确调查所有裂隙实现困难等，这些手段目前还没有在上覆岩层采动裂隙勘测调查中得到大规模应用。

物理模拟，我们通常采用二维相似材料模拟的方法实现，这种方法直观、便捷，通过数码相机拍摄不同采宽时的裂隙分布图像，然后在计算上处理提取采动裂隙形成采动裂隙空间分布图，可较为准确地获取上覆岩层采动裂隙分布以及沉降、地压等信息，为进一步分析提供较为可靠的、较多的有用信息，是一种应用较多、较为适合的方法。

当需要考虑的情况较多时，可以根据上覆岩层工程地质概况、开采技术条件等采用数值模拟的方法实现。在逾渗集团的数值模拟方法上，采用最多的是运用随机理论模拟，如 Monte – Carlo 方法，但这种方法较难实现与现场的情况完全符合，而其实现也更多需要现场勘测数据的支持。而在数值模拟方法中，离散单元法程序 UDEC 为我们研究上覆岩层采动裂隙分布问题提供了一种较为适合的方法，UDEC 可考虑离散的岩石块体形成的岩体区域的模拟分析，为我们研究由此产生的采动裂隙分布问题提供了一种直观可视的方法，试验结果表明，其产生的裂隙分布结果与相似模拟的结果较为相近，并可重复进行模拟分析，经济上较为适宜。

综合上述情况，本书选取相似模拟和 UDEC 数值模拟的方法获得不同采宽的裂隙网络分布图像，重点考虑采用相似模拟的结果。

2)标定集团

标定集团是分析采动裂隙演化逾渗特性的基础工作,在集团标定之前,我们首先将所采集获得的采动裂隙图像数值化,将存在裂隙的像素点设为1,而在没有裂隙存在的像素点则设为0,根据二值化后的数据文件,将每一个像素点作为逾渗模型中的格点,则可以进行集团标定。

一种直观的标定集团的算法是从一个占据格点出发,找出与格点直接和间接相连的所有格点,并给这些格点赋予数1;然后从剩下的格点中选出一个,找出所有与这一格点相连的格点并赋予数2;重复这一过程直到所有占据过格点全部用完。可写出这一算法的程序并对从小到大的格点进行试算。实际上,随着格点数目的增加,计算量将指数增加,从而使计算实际上成为不可能。Hoshen和Kopelman发展了一种集团标定的算法Hoshen - Kopelman(HK)算法,则较好解决了这一问题。

Hoshen和Kopelman在研究晶体中亚晶体无序分布问题中提出了H - K算法并发展了该算法[121,122,124],并采用这一算法分析了逾渗的临界特性[123,151]。Hoshen - Kopelman提出了精巧高效进行集团标定的基本思想。

在二维格点网络中,每个格点i被A分子占据,则指定一个集团标号m_t^α,这里α是所研究格点网络中集团符号名称。一个集团α可以被指定几个集团标号,它们由下列自然数集合给出:

$$\{m_1^\alpha, m_2^\alpha, \cdots, m_s^\alpha, \cdots, m_t^\alpha, \cdots\} \tag{6-18}$$

在该集合中只有一个数被视为正规集团标号,我们指定为m_s^α这个公式(6 - 18)集合中最小的数,下列整数集合提供了其与m_t^α标号之间的联系:

$$\{N(m_1^\alpha), N(m_2^\alpha), \cdots, N(m_s^\alpha), \cdots, N(m_t^\alpha), \cdots\} \tag{6-19}$$

公式(6 - 19)中的$N(m_s^\alpha)$是集合中仅有的正整数成员,其表示集团中A分子的数量。公式(6 - 19)中的剩余成员为负整数,提供了其他m_t^α标号和正规标号m_s^α间的联系。m_t^α标号与正规标号m_s^α的关系为下列公式提供的集合形式:

$$m_r^\alpha = -N(m_t^\alpha), m_q^\alpha = -N(m_r^\alpha), \cdots, \cdots, m_s^\alpha = N(m_p^\alpha) \tag{6-20}$$

这些公式由左到右求解,根据Hoshen和Kopelman的计算经验知道,公式(6 - 20)的等级在多数情况下包括一或两个水平,只有1个或2个方程。

基于这一基本思想,Hoshen和Kopelman提出集团标定的具体方法。这一算法可通过下面的例子来介绍。考虑图6.4所示的一个逾渗样本,我们从左下角开始,并从左到右,从下到上进行编号。因格点(1,1)被占据,我们给它赋予集团标号1,下一个没有占据,无须赋值,下一个占据格点是(3,1),由于其左边的格点为空,我们给它赋予下一个集团标号2,格点(4,1)左边占据,与其左边的格点同属一个集团,也赋予2,这一行其余格点的分析是直截了当的。然后我们到第二行,考察格点(1,2),由于这一格点被占据,它的上一行的近邻(1,1)的集团标号为1,因此我们对它赋值1,并从左到右检查这一行,如果一个格点为空,则跳过该格点,如果格点被占据,则考察其左边和下边的最近邻,若此2近邻均空,则给此格点赋予下一个集团标号,如果只有一个近邻被占据,则给此格点赋予其近邻的集团标号,如格点(2,2)赋予1,因为只有其左边的近邻被占据且具有标号1。如果格点的左和下两个近邻均被占据,则意味着原标定为不同标号的两个集团实际上是一个集团,我们必须进行合并并重新标号。如格点(6,2),其左边格点(5,2)标号为4,而其下边格点(6,1)标号为3,显然我们应该对(6,2)赋予较小的标号3并把(5,2)的标号更新为3,但是在最后可能还会有进一步的重复和合并,我们把这一更新过程推迟到后面进行。为了记录这种合并信息,我们引入一个正规标定数组 n,数组的每一个元素与一个集团标号相联系,对独立的集团标号,数组的对应元素赋值为该数组的下标,否则赋值对应将要合并的集团的标号。对于本例,在到达格点(6,2)前,分别有

$$np(1)=1,\quad np(2)=2,\quad np(3)=3,\quad np(4)=4。$$

而到达格点(6,2),我们知道标号为4的集团实际上与标号为3的集团是同一集团,为了记住这一信息,我们有 $np(4)=3$。这一赋值告诉我们标号4是非正规的,而且与正规标号3相连。

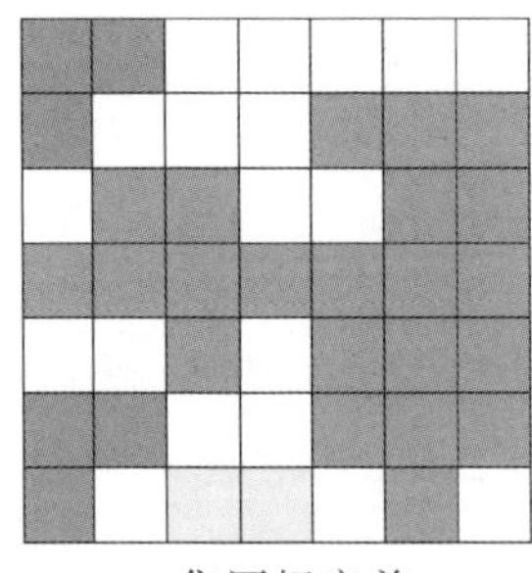

a. 集团标定前

b. 第一次HK算法扫描后

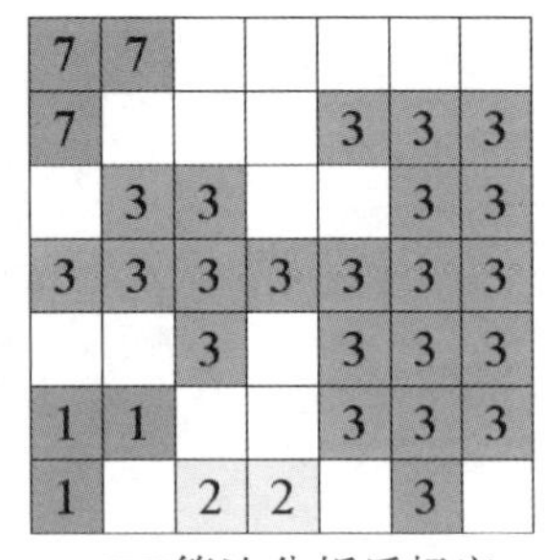

c. HK算法分析后标定

图6.4 集团标定的HK算法

这样一个过程仍然有不确定性,当我们到达格点(5,4),此格点的左边标号为5,下边标号为4,我们已经知道标号4为非正规标号[因为 $np(4)\neq4$],此时我们并不是按照上面的规则为(5,4)标号4,而是标号为较小标号所指的正规标

号,这里为 3[因为 $np(4)=3$],同时我们知道标号 5 也是非正规的,其所对应的正规编号为 3,故应令 $np(5)=3$。当检查完所有的格点后,我们可以根据数组 np 的值对应非正规标号进行更新。

这样,我们采用 Hoshen - Kopelman 算法标定采动裂隙逾渗模型中的裂隙集团,找出每个集团包含的点数,并对集团编号。根据上述要求编制计算机分析程序框图如下:

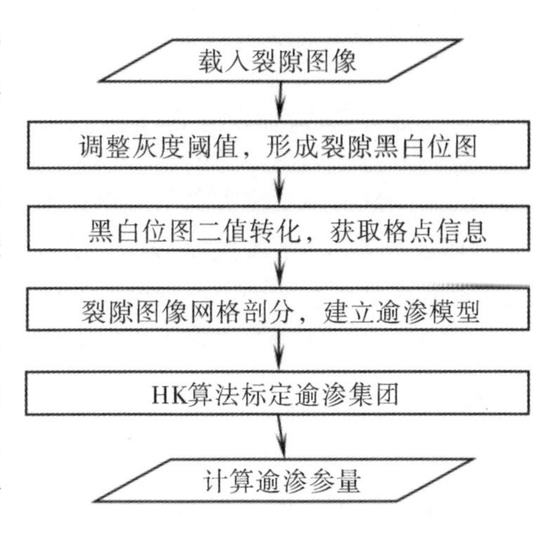

图 6.5　逾渗模型计算机分析程序框图

根据程序框图编制计算分析程序,程序界面如下图:

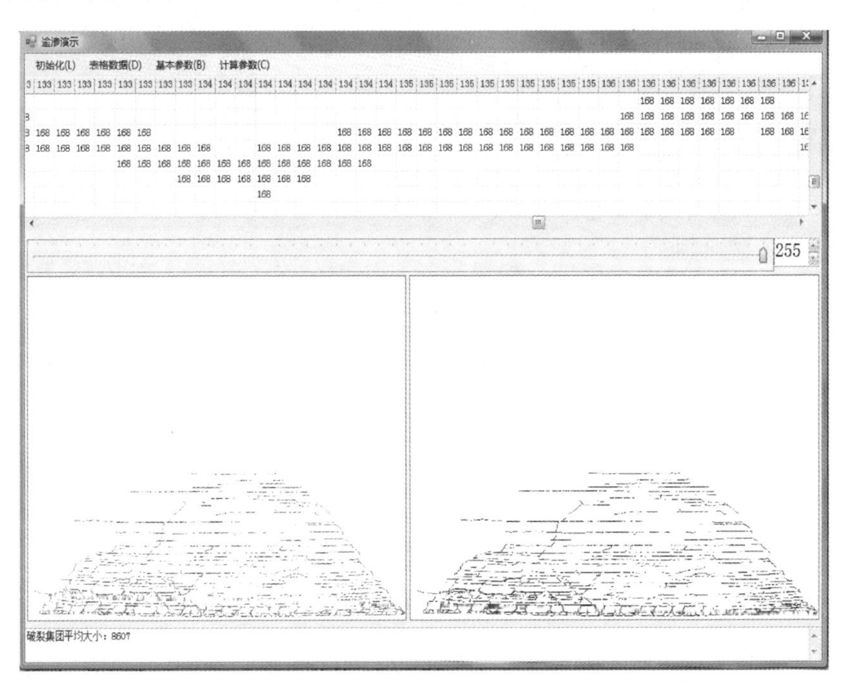

图 6.6　采动裂隙逾渗模型分析程序界面

3)逾渗特征分析

根据采动裂隙逾渗模型分布图像逾渗有关参量计算结果,我们可以分析不同采宽条件下采动裂隙分布的逾渗特性:采动裂隙集团大小分布规律、总采动裂隙集团数、裂隙集团平均大小、逾渗分维演化规律、逾渗概率变化规律等。

6.2.3 采动裂隙演化的逾渗规律研究

为了分析上覆岩层采动裂隙网络分布演化的逾渗特性，我们以2171(1)工作面11－2煤层开采相似模拟结果为例进行分析。根据上述研究方法，我们将不同采宽的采动裂隙网络图像统一规则化为分辨率2048×2048的图像，然后分别载入程序，计算不同采宽时的逾渗参量：采动裂隙集团大小分布、总采动裂隙集团数、集团平均大小、逾渗分维、逾渗概率，分析各参量相互之间及与采宽、裂隙率、压力等的关系。

1)采动裂隙集团大小分布特征

我们以不同采宽时的最大采动裂隙集团S_{max}大小与对应的采动裂隙存在概率p之间的关系来表示采动裂隙集团大小分布特征。如图6.7，最大裂隙集团格点数随裂隙存在概率增大而不断增长，由于上覆岩层采动裂隙在不断发展过程中，新的裂隙产生同时，原有张开裂隙会有一部分闭合，没有出现较大的跨越集团。

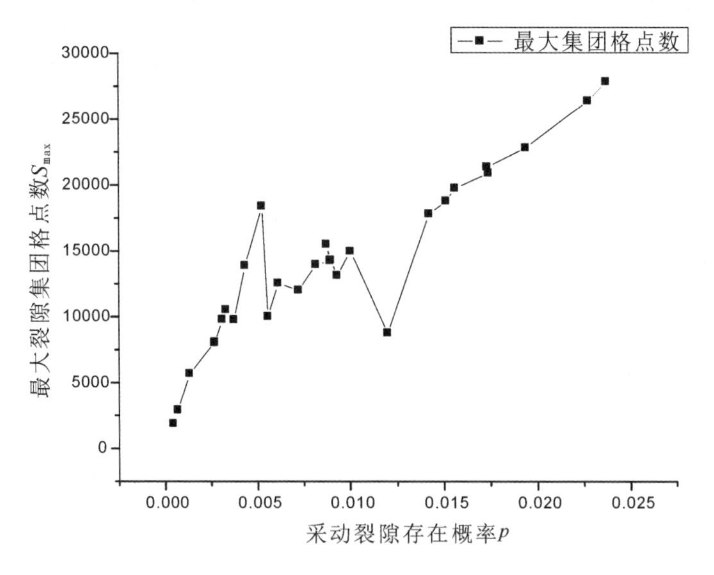

图6.7 采动裂隙集团大小分布

2)总采动裂隙集团数

如图6.8，我们分析了总采动裂隙集团数K_p与采动裂隙存在概率p的关系。总采动裂隙集团数是随裂隙存在概率呈非线性增长趋势，由于裂隙产生与闭合现象同时存在，没有形成较少数量的大规模跨越集团。

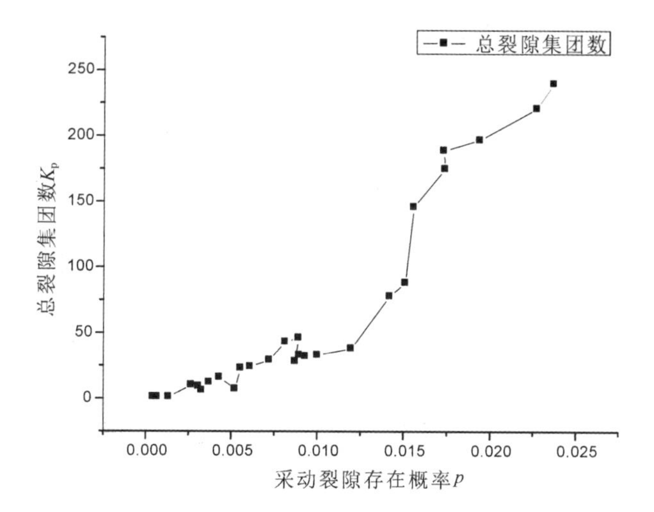

图 6.8 $K_p - p$ 变化图

3)裂隙集团平均大小

如图 6.9 为裂隙集团平均大小 $S_{av}(p)$ 与采动裂隙存在概率 p 的关系。裂隙集团平均大小随裂隙率增长在采宽为 90m 时出现峰值,而后随裂隙率较为平缓增长,反映了张开裂隙连通形成集团平均大小增长规律。

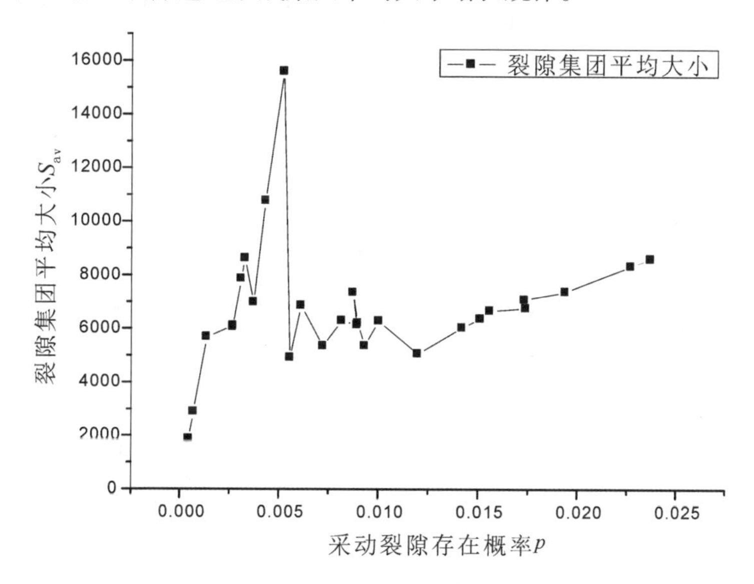

图 6.9 $S_{av}(p) - p$ 变化图

4)裂隙存在概率与超前峰值压力关系分析

如图 6.10,为裂隙存在概率 p 与超前峰值压力 F 之间的关系。裂隙存在概率与超前峰值压力存在较好的指数关系：

$$p = 0.00041\exp(F/205.34526) + 0.0002 \tag{6-21}$$

裂隙存在概率可以很好地反映超前峰值压力的变化。

$$\ln p = 0.0051F - 7.91559$$

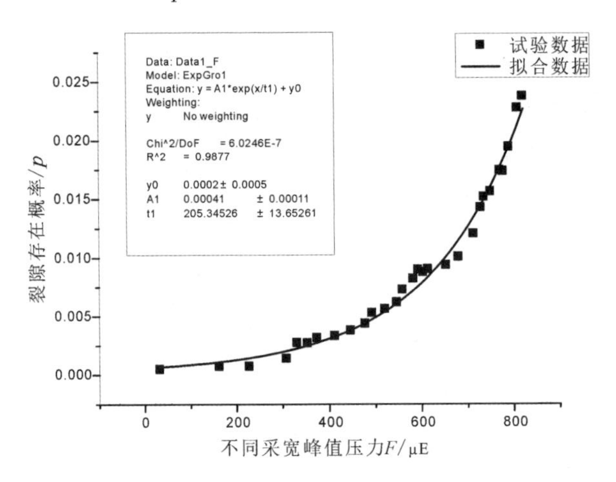

图 6.10　裂隙存在概率与超前峰值压力的关系

为了进一步研究裂隙存在概率与超前峰值压力关系，将裂隙存在概率取为自然对数形式，则可以看到 $\ln p$ 与 F 之间存在较好的线性关系（图 6.11）。

$$\ln p = 0.0051F - 7.91559 \tag{6-22}$$

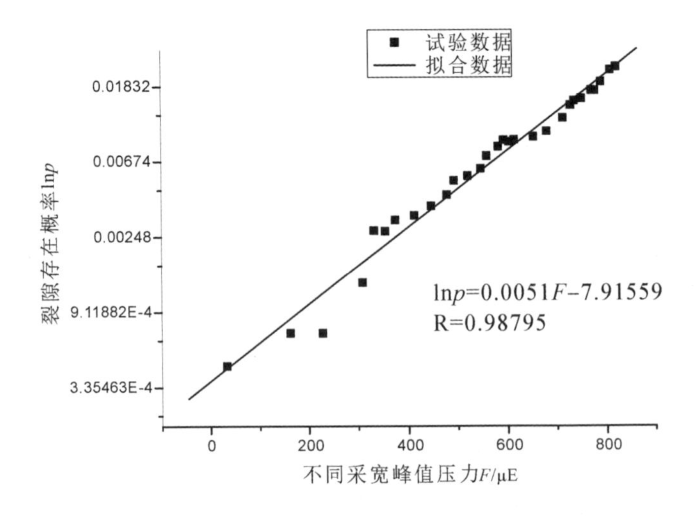

图 6.11　$\ln p$ 与 F 关系

通过以上分析，我们可得到以下几点结论：

(1)随开采宽度的推进，采动所形成的岩体裂隙网络的分布区域逐步向工作面方向和上覆岩层方向扩展，其可以很好地表征岩体结构的特征。逾渗参量裂隙率作为序参量逾渗概率的控制参量，也可表征采动裂隙演化进程。

(2)裂隙存在概率与超前峰值压力之间存在较好的指数对应关系，说明裂隙存在概率可以较好地反映超前压力变化。

(3)逾渗模型可能是描述上覆岩层采动裂隙演化较适合模型。上覆岩层裂隙演化具有一定的逾渗特点，但未表现出明显的临界特征。主要原因是采动裂隙的提取基本是采集的是宏观离层裂隙和竖直裂隙，对其形成过程中形成的微裂纹没有采集，宏观裂隙间的微裂纹目前无法精确采集。

(4)采动岩体裂隙的形成、扩展、分布非常复杂，具有分形特征，用分形维数可以描述采动岩体裂隙网络在二维空间的特征。采动岩体分形裂隙网络演化具有阶段性 。

6.3 采动岩体裂隙网络演化重正化群理论研究

6.3.1 重正化群理论简介

重正化群(Renormalization Group)的方法是在量子场论中提出来的。美国康奈尔大学的威尔逊(Kenneth G. Wilson)把量子场论中的重正化群方法应用于临界现象的研究，并提出重正化群在不动点附近的性质决定了体系的临界行为，建立了相变的临界现象理论，这是临界现象研究中的重大突破，他因而荣获1982年度诺贝尔物理学奖[120]。

重正化群基本思想来自L. P. Kadanoff的标度概念。重正化群方法根据尺度变化下系统的物理特性保持不变的性质(无标度性)，通过迭代的方式一次次地增大观测尺度就可以处理一个巨大的、相互作用的系统。尺度变换的粗化过程的物理本质是：增大观测尺度的结果使分辨率降低。经过重正化变换之后，损失了系统状态的细部信息，却保留了系统的主要特性。重正化群方法在处理相变临界点附近的动态过程时才真正显示出其优越性，在相变的临界点上，系统的控制参数之间的关联长度变为无穷大。这时无论用多大尺度进行测量，其结果仍然是无穷大。系统不存在特征尺度，即具无标度性。但是系统的特性在尺度变化下仍应是不变的。根据这一特点，我们就可以不断变换观测尺度来消除临界点附近关联长度发散的困难，精确地确定相变时系统的各种特性参数。

简言之，重整化群的基本思想是对体系的一个连续变换族，其目的是在观测中改变粗视化程度时定量地获得物理量的变化规律。把某种尺度下测得的物理量记为 p，把两倍于这个尺度下测得的物理量记为 p'，利用尺度变换 f_n，可以建立两种尺度下物理量的关系

$$p' = f_n(p) \tag{6-23}$$

式中，f 的下标 n 表示 n 倍的尺度变换。将上式变为一般的关系式，可以得到变换具有下列性质

$$f_a \cdot f_b = f_{ab} \tag{6-24}$$

$$f_1 = 1 \tag{6-25}$$

其中，式(6-25)右侧 1 表示恒等变换。

尺度变换 f 一般不具有逆变换 f^{-1}，这是因为在给定的某种状态下，总是可以把它尺度变化的，但相反，即使预先给定了经过尺度变化的状态，也不能恢复其原始状态，这类似于一种映射，从上到下是多对一的，而从下到上却是一对多的，在数学上把具有这种性质的变换称为半群，按理说，这种方法应取名为重正化半群，但在物理上把这种利用尺度变化的变换取名为重正化，因此现在习惯上称为重正化群。

应用重整化群方法的 3 个基本步骤是：找到恰当的重整化变换，即标度变换；研究变换的不动点，找出与临界点有关的不动点和相应的参数；分析不动点附近的变换性质，求出临界指数[145]。

6.3.2 采动岩体裂隙网络演化的重正化群模型

根据前面的研究成果，我们知道上覆岩层在不同采宽时形成的采动裂隙网络分布具有自相似分形特性，这为我们采用重正化群方法进行分析建立了基础。基于前面建立的采动裂隙演化逾渗模型，我们将采动裂隙二维图像划分为由小方格剖分的点阵网格，建立重正化群方法分析的基本模型。

本书建立的采动裂隙演化重正化格子模型如图 6.12，利用该模型研究上覆岩层裂隙演化过程中的临界行为。该模型中上覆岩层在二维空间剖面被划分为 $4n \times 4n$ 个单元（n 为自然数），每个格子单元即是前面定义的单元裂隙块体，每 4 个单元裂隙块体方阵组成一个一级裂隙块体元胞，假定单元裂隙块体的破坏形

成贯通裂隙的概率为 p_1，则一级裂隙块体元胞的破坏贯通概率 p_2 由 p_1 决定。同样，由 4 个一级裂隙块体元胞构成二级裂隙块体元胞，其破坏贯通概率 p_3 由 p_2 决定。依此类推就可得到更高级粗视化裂隙块体元胞。

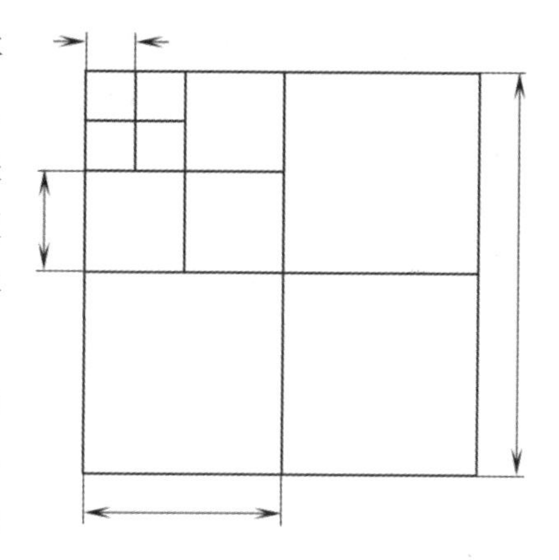

图 6.12 采动裂隙网络重正化群模型

在上覆岩层中，各岩层由于岩石力学性质的差异和原有节理裂隙的存在，在各种尺度上其强度各异，因而单元裂隙块体的强度在上覆岩层中分布也表现出各向异性。在实际数据缺乏的情况下，根据有关研究成果，可以假定单元裂隙块体的破裂产生裂隙的概率服从 Weibull 分布，即单元裂隙块体的破裂强度 σ_f 小于应力 $a\sigma$ 的概率

$$p(\sigma_f \leqslant a\sigma) \equiv p_a = 1 - \exp[-(ax)^2] \tag{6-26}$$

其中，$x = \sigma/\sigma_0$，σ 为作用应力，σ_0 为单元裂隙块体的参考强度，a 为尺度参数。因此 $\sigma_f < a\sigma$ 的概率，即单元裂隙块体的破裂概率为

$$p_1 = 1 - \exp(-x^2) \tag{6-27}$$

由式(6-26)和式(6-27)可得

$$p_a = 1 - (1 - p_1)^{a^2} \tag{6-28}$$

在上覆岩层破裂形成采动裂隙过程中，单元裂隙块体之间的应力是相互影响的，某一单元裂隙块体的破坏必然影响其临近单元裂隙块体的应力状态，即破裂块体的应力将向临近块体转移。在重正化模型中，这种应力的传递通常假定为同级别裂隙块体之间。这样的应力转移机制将导致裂隙块体系统在应力水平小于其平均强度时发生的灾难性破坏。

基于上述分析，在采动裂隙网络重正化群模型中，本书也引入了单元裂隙块体间的应力转移机制。并针对应力转移和单元裂隙块体破裂假定：①至少 3 个单元破裂形成采动裂隙，下一级元胞才形成贯通裂隙的，在横向和纵向都贯通。②破裂单元的原有应力平均转移给同级别的最临近单元或所有其他单元。③在研究某一级元胞内的单元应力转移概率问题时，忽略与该级元胞同级的元胞之间的交互影响。在模型中引入条件概率 $p_{a,b}$ 来量化由于应力转移产生的裂隙块体破裂。当应力 $(a-b)\sigma$ 由破裂块体转移至已承受 $b\sigma$ 应力的未破裂单元时，此时未破裂单元的承受应力为 $a\sigma$，其发生破裂概率为 $p_{a,b}$。根据条件概率定义得

$$p_{a,b} = \frac{p(b\sigma < \sigma_f \leqslant a\sigma)}{p(\sigma_f > b\sigma)} \tag{6-29}$$

p_a 可由概率密度积分求出

$$p_a = \int_0^{a\sigma/\sigma_0} \frac{\mathrm{d}p_1}{\mathrm{d}x}\mathrm{d}x \tag{6-30}$$

因此

$$p(b\sigma < \sigma_f \leqslant a\sigma) = \int_{b\sigma/\sigma_0}^{a\sigma/\sigma_0} \frac{\mathrm{d}p_1}{\mathrm{d}x}\mathrm{d}x = p_a - p_b \tag{6-31}$$

$$p(\sigma_f > b\sigma) = 1 - p(\sigma_f \leqslant b\sigma) = 1 - p_b \tag{6-32}$$

因此，由式(6-29)得到

$$p_{a,b} = \frac{p_a - p_b}{1 - p_b} \tag{6-33}$$

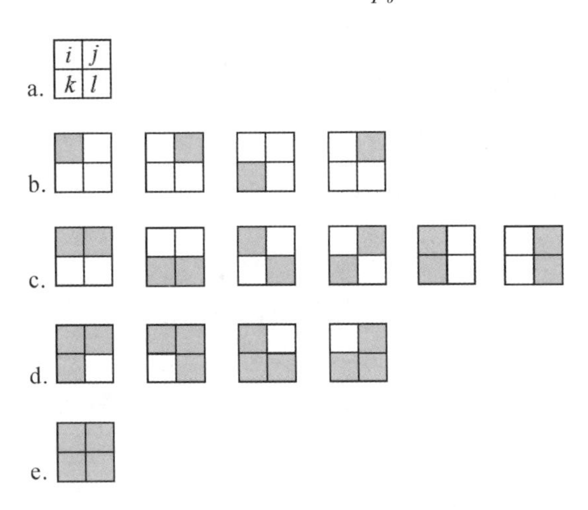

图 6.13　4 个单元裂隙块体组成的元胞的不同组态

我们首先研究一级元胞，确定其破裂概率。对于 4 个单元裂隙块体组成的一级元胞，若以 b 表示已破裂单元裂隙块体，u 表示未破裂单元裂隙块体，则其所有可能破裂产生裂隙的组合为：[uuuu]、[buuu]、[bbuu]、[bbbu]、[bbbb]。以阴影来表示格子破裂存在裂隙块体，空白格子表示未破裂块体，其组态如图 6.13。根据假定元胞中至少 3 个单元破裂存在裂隙，元胞才是贯通破裂的。在

考虑应力转移机制时,各组态的元胞的破裂概率如下

$$\left.\begin{array}{l}[\mathrm{uuuu}]\ (1-p_1)^4 \\ [\mathrm{buuu}]\ 4p_1(1-p_1)^3 \\ [\mathrm{bbuu}]\ 6p_1^2(1-p_1)^2 \\ [\mathrm{bbbu}]\ 4p_1^3(1-p_1) \\ [\mathrm{bbbb}]\ p_1^4\end{array}\right\} \tag{6-34}$$

可见,[uuuu]都为未破裂单元,则其元胞不会破裂;[bbbu]和[bbbb]根据假定为破裂元胞,这两类元胞不用考虑条件概率破裂问题,已可以明确元胞破裂与否。而[buuu]、[bbuu]则需要考虑应力转移机制,研究其不同组合的破裂概率。为研究方便,4 个单元分别用 i、j、k、l 表示,并假定每个单元承受的作用应力为 σ。

1)1 个单元破裂,其余 3 个未破裂

如图 6.13b,以 i 单元破坏为例,根据假定要实现元胞破裂,则应使 j、k 两个单元都破坏,可分为两种情况,一种是 i 单元的应力 σ 平均转移到 j、k ,则元胞破裂概率为 $p_1(1-p_1)^3p_{i,j}(\sigma/2)p_{i,k}(\sigma/2)$,以 $p_{i,j}(\sigma/2)$ 、$p_{i,k}(\sigma/2)$ 分别表示 j、k 在增加 $\sigma/2$ 情况下的破坏概率;另一种情况是 i 单元的应力 σ 平均转移到 j、k、l ,则元胞破裂概率为 $p_1(1-p_1)^3p_{i,j}(\sigma/3)p_{i,k}(\sigma/3)[1-p_{i,l}(\sigma/3)]$ 。在这种组合状态元胞的破裂概率是 $4p_1(1-p_1)^3\{p_{i,j}(\sigma/2)p_{i,k}(\sigma/2)+p_{i,j}(\sigma/3)p_{i,k}(\sigma/3)[1-p_{i,l}(\sigma/3)]\}$ 。

2)2 个单元破裂,2 个单元未破裂

如图 6.13c,每一种元胞中,有 2 个破坏单元,可分成 2 大类:①最邻近 2 个单元破坏的情况,有 4 种元胞。以 i 、k 单元破裂为例分析,一种情况是 i 、k 单元破坏后其合力 2σ 全部转移到 j 或 l 上,元胞破裂概率为 $p_1^2(1-p_1)^2p_{ik,j}(1-p_{ik,l})$ 或 $p_1^2(1-p_1)^2p_{ik,l}(1-p_{ik,j})$;另一种情况是 i 单元 σ 转移到 j 上、k 单元 σ 转移到 l 上,元胞破裂概率为 $p_1^2(1-p_1)^2p_{i,j}p_{k,l}$ 。②对角排列的单元破裂的情况,有 2 种元胞。以 i 、l 单元破裂为例分析,一种情况是,当 i 、l 单元破坏时,两个单元转移到 j 或 k 上的力为 2σ ,即 j 或 k 单元将增加 2σ 的力。在这种情况下,元胞破坏的概率为 $p_1^2(1-p_1^2)p_{il,j}(1-p_{il,k})$ 或 $p_1^2(1-p_1^2)p_{il,k}(1-p_{il,j})$ 。另一种情况是单元 i 的力转移到单元 j,同时单元 l 的力转移到单元 k,则单元 j 和 k 每个只增加 σ 的力。或者单元 i 的力转移到单元 k,同时单元 l 的力转移到单元

j,则单元 j 和 k 每个也只增加 σ 的力。元胞破坏的概率将是 $p_1^2(1-p_1^2)p_{i,j}p_{l,k}$ 或 $p_1^2(1-p_1^2)p_{i,k}p_{l,j}$。因此,该组合元胞的破坏概率是 $4p_1^2(1-p_1^2)[2p_{ik,j}(1-p_{ik,l})+p_{i,j}p_{k,l}+p_{il,j}(1-p_{il,k})+p_{i,j}p_{l,k}]$。

综合考虑上述分析结果,则 1 级元胞的破裂形成贯通裂隙的概率为

$$
\begin{aligned}
p_2 &= p_1^4+4p_1^3(1-p_1)+4p_1^2(1-p_1^2)[2p_{ik,j}(1-p_{ik,l})+p_{i,j}p_{k,l}+p_{il,j}(1-p_{il,k}) \\
&\quad +p_{i,j}p_{l,k}]+4p_1(1-p_1)^3\{p_{i,j}(\sigma/2)p_{i,k}(\sigma/2)+p_{i,j}(\sigma/3)p_{i,k}(\sigma/3)[1- \\
&\quad p_{i,l}(\sigma/3)]\} \\
&= p_1^4+4p_1^3(1-p_1)+4p_1^2(1-p_1^2)[3p_{ik,j}(1-p_{ik,l})+2p_{i,j}^2] \\
&\quad +4p_1(1-p_1)^3\{p_{i,j}^2(\sigma/2)+p_{i,j}^2(\sigma/3)[1-p_{i,l}(\sigma/3)]\}
\end{aligned}
\tag{6-35}
$$

根据公式(6-27)(6-33)可计算式(6-35)中的条件概率,具体计算如下:

每个单元承受 σ 力,当其破坏时 σ 发生转移,引起其他单元破坏。对于 i 、k 两单元破坏,两个单元的合力 2σ 全部转到另外一个单元 j 或 l 上,j 或 l 承受的力变为 3σ ,则

$$
p_{ik}=p_1(3\sigma)=1-\exp\left[-\left(\frac{3\sigma}{\sigma_0}\right)^2\right]=1-\exp\left\{9\times\left[-\left(\frac{\sigma}{\sigma_0}\right)^2\right]\right\}=1-(1-p_1)^9 \tag{6-36}
$$

$$
p_{ik,j}=\frac{P_{ik}-p_j}{1-p_j}=\frac{1-(1-p_1)^9-p_1}{1-p_1}=1-(1-p_1)^8 \tag{6-37}
$$

对于 i 、k 两单元破坏,i 将 σ 转到单元 j 上,k 将 σ 转到单元 l 上,j、l 承受的力都变为 2σ ,则

$$
p_{ik}=p_1(3\sigma)=1-\exp\left[-\left(\frac{3\sigma}{\sigma_0}\right)^2\right]=1-\exp\left\{9\times\left[-\left(\frac{\sigma}{\sigma_0}\right)^2\right]\right\}=1-(1-p_1)^9 \tag{6-38}
$$

$$
p_{i,j}=\frac{P_j-p_i}{1-p_i}=\frac{1-(1-p_1)^9-p_1}{1-p_1}=1-(1-p_1)^8 \tag{6-39}
$$

如果 i 破坏,引起 j、k 两个破坏,单元 i 将转移 σ 大小的力,σ 转移到任两个单元(如 j、k)中每一个的力为 $\sigma/2$,则 j、k 分别承受的力变为 $3\sigma/2$,

$$
\begin{aligned}
p_j &= p_1\left(\frac{3\sigma}{2}\right)=1-\exp\left[-\left(\frac{3\sigma}{2\sigma_0}\right)^2\right]=1-\exp\left\{\frac{9}{4}\times\left[-\left(\frac{\sigma}{\sigma_0}\right)^2\right]\right\} \\
&= 1-(1-p_1)^{\frac{9}{4}}
\end{aligned}
\tag{6-40}
$$

$$p_{i,j}=\frac{p_j-p_i}{1-p_i}=\frac{1-(1-p_1)^{\frac{9}{4}}-p_1}{1-p_1}=1-(1-p_1)^{\frac{5}{4}} \tag{6-41}$$

若 i 单元 σ 平均转移到另外 3 个单元上，每一个增加 $\sigma/3$，则 j、k 分别承受的力变为 $4\sigma/3$，

$$p_i=p_1\left(\frac{4\sigma}{3}\right)=1-\exp\left[-\left(\frac{4\sigma}{3\sigma_0}\right)^2\right]=1-\exp\left\{\frac{16}{9}\times\left[-\left(\frac{\sigma}{\sigma_0}\right)^2\right]\right\}$$
$$=1-(1-p_1)^{\frac{16}{9}} \tag{6-42}$$

$$p_{i,j}=\frac{p_j-p_i}{1-p_i}=\frac{1-(1-p_1)^{\frac{16}{9}}-p_1}{1-p_1}=1-(1-p_1)^{\frac{7}{9}} \tag{6-43}$$

将条件概率式(6-37)(6-39)(6-41)(6-43)分别代入式(6-35)，得

$$p_2=p_1^4+4p_1^3(1-p_1)+4p_1^2(1-p_1)^2\{3[1-(1-p_1)^8](1-p_1)^8$$
$$+2[1-(1-p_1)^3]^2\}+4p_1(1-p_1)^3\{[1-(1-p_1)^{\frac{5}{4}}]^2$$
$$+[1-(1-p_1)^{\frac{7}{9}}]^2(1-p_1)^{\frac{7}{9}}\} \tag{6-44}$$

依此类推，对于尺度 r，由 r 级到 $r+1$ 级的重正化群变换公式为

$$p_{r+1}=p_r^4+4p_r^3(1-p_r)+4p_r^2(1-p_r)^2\{3[1-(1-p_r)^8](1-p_r)^8$$
$$+2[1-(1-p_r)^3]^2\}+4p_r(1-p_r)^3\{[1-(1-p_r)^{\frac{5}{4}}]^2$$
$$+[1-(1-p_r)^{\frac{7}{9}}]^2(1-p_r)^{\frac{7}{9}}\}=f_n(p) \tag{6-45}$$

按照式(6-45)，图 6.14 给出了 p_{r+1} 与 p_r 的关系。为了研究不动点，令 $p_{r+1}=p_r=p^*$，由于不动点方程较为复杂，只能采用数值迭代方法求解，在 $0\leqslant p_1\leqslant 1$ 范围内，得到 3 个不动点是 0、0.26663375、1。采用 $|\lambda|=|df_n(p)/dp|$ 作为不动点的确定条件，计算公式为

$$|\lambda|=\left|\frac{df_n(p)}{dp}\right|=|12p^2(1-p)+8p(1-p)^2\{[3-3(1-p)^8](1-p)^8$$
$$+2[1-(1-p)^3]^2\}-8p^2(1-p)\{[3-3(1-p)^8](1-p)^8$$
$$+2[1-(1-p)^3]^2\}+4p^2(1-p)^2\{24(1-p)^{15}-8[3-3(1-p)^8]$$
$$(1-p)^7+12[1-(1-p)^3](1-p)^2\}+4(1-p)^3\{[1-(1-p)^{5/4}]^2$$
$$+[1-(1-p)^{7/9}]^2(1-p)^{7/9}\}-12p(1-p)^2\{[1-(1-p)^{5/4}]^2$$
$$+[1-(1-p)^{7/9}]^2(1-p)^{7/9}\}+4p(1-p)^3\{\frac{5}{2}[1-(1-p)^{5/4}]$$
$$(1-p)^{1/4}+\frac{14}{9}[1-(1-p)^{7/9}](1-p)^{5/9}-\frac{7}{9}[1-(1-p)^{7/9}]^2$$

$(1-p)^{9/2}\}|$ (6-46)

则 $p^* = 0$、1 相应的 $|\lambda|$ 值都为 0，$|\lambda| \leqslant 1$，因而 0 和 1 的固定点是稳定的；而 $p^* = 0.26663375$ 的 $|\lambda| > 1$，该固定点是不稳定的，它是上覆岩层采动裂隙系统形成整个区域贯通性的相变临界点。在 $0 < p_1 < 0.26663375$ 时，多次重正化的结果是 $p^\infty = 0$，对应上覆岩层采动裂隙系统整体不贯通的状态；在 $0.26663375 < p_1 < 1$ 时，多次重正化的结果是 $p^\infty = 1$，对应上覆岩层采动裂隙系统整体贯通破坏的状态。

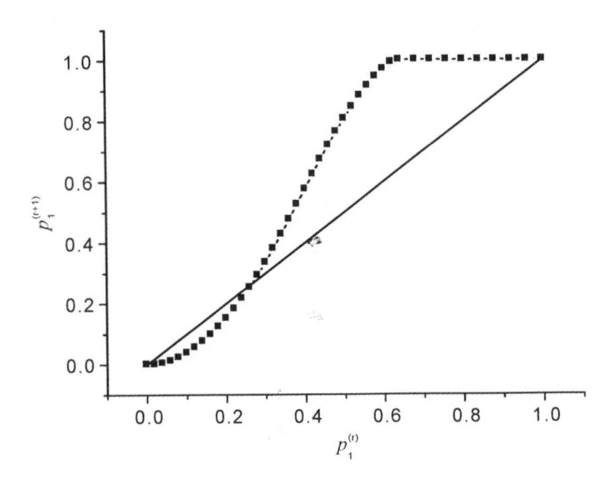

图 6.14　p_{r+1} 与 p_r 的关系

根据重正化模型及有关性质，我们可以计算重正化临界参数。将重整化变换在临界点附近展开，并利用式(6-45)得

$$p' = f_n(p) = p_c + \lambda(p' - p_c) + \cdots \tag{6-47}$$

其中

$$\lambda = \left.\frac{\partial f_n(p)}{\partial p}\right|_{p=p_c} = 1.9729$$

若只取线性第 1 项，可得

$$p' - p_c \approx \lambda(p' - p_c) \tag{6-48}$$

根据公式(6-21)重整化前后的关联长度可分别表示为

$$\xi \sim \lambda\,(p - p_c)^{-\nu}$$

$$\xi' \sim \lambda\,(p' - p_c)^{-\nu}$$

但因重整因子 b 产生的变换,使关联长度改变了 b^{-1} 倍,有

$$b(p-p_c)^{-\nu}=(p'-p_c)^{-\nu} \tag{6-49}$$

联系式(6-48)和式(6-49)可得

$$\frac{1}{\nu}=\frac{\ln\lambda}{\ln b} \tag{6-50}$$

该式与 Hausdorff 维数的定义式相类似,因此可认为 $b=2$ 是一种分维 $b=2$,它反映了在临界点处的无标度特征。在我们建立的模型中,$b=2$,$\lambda=1.9729$,因此 $\nu=1.020077$。则根据公式(6-21)可得

$$\xi\sim1.9729\left|p-0.26663375\right|^{-1.020077} \tag{6-51}$$

可做出关联长度和破坏概率之间的关系图(图6.15)。由图可见,在临界点附近,上覆岩层各单元裂隙块体之间的关联长度骤然增加,这种长度关联使采动裂隙分布由无序向有序转化,形成大尺度的上覆岩层断裂活动。

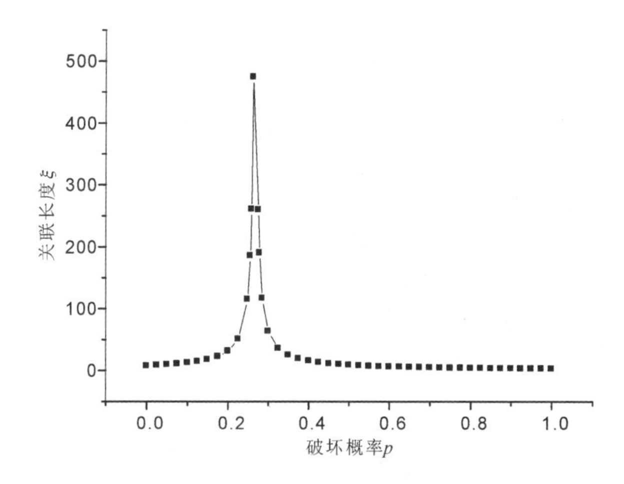

图6.15 关联长度和破坏概率之间的关系曲线

6.3.3 采动裂隙演化的重正化群分析

孔隙介质的渗透率与孔隙空间分布的几何结构密切相关,根据孔隙结构的网络模型,应用重正化技术可以预计二维孔隙介质的渗透率[141]。这为研究上覆岩层采动裂隙网络贯通性的研究提供了思路,根据上面建立的重正化模型基本思想,可以通过重正化技术分析不同采宽下采动裂隙网络表现出的宏观贯通

性，研究采动裂隙演化过程的临界性。

基于上述思路，采用重正化技术分析采动裂隙贯通性的基本步骤是：首先进行采动裂隙图像二值化，根据相似试验数码照片提取采动裂隙分布图像，经图像灰度阈值调整将采动裂隙图像变换为黑白图像，黑色代表裂隙，白色代表未破裂岩体。然后将黑白图像数字化，存在裂隙的格点以 1 表示，未破裂格点为 0，形成 0 和 1 组成的方阵。在此基础上进行重正化变换，分析采动裂隙网络的贯通特性。

重整化变换实际上是粗视化的过程，即不断放大观测的尺度来观测系统的行为，相当于观测尺度不变时系统尺度在逐渐减小，但系统的基本特性并不改变。我们这里选取的重正化因子 $b = 2$，所以在计算过程中，每进行一次重正化变换，方阵的阶数减小为原来的 $1/b = 1/2$，假设裂隙网络方阵数据组成的数组为 $L(n,n)$，则变换过程为

$$L(n,n) \Rightarrow L(n/2,n/2) \Rightarrow L(n/4,n/4) \Rightarrow \cdots \Rightarrow L(1,1)$$

下面以采宽为 194.4m 的采动裂隙分布为例进行分析，第一步是根据数码照片提取裂隙图像，并二值化为黑白图像，如图 6.16。

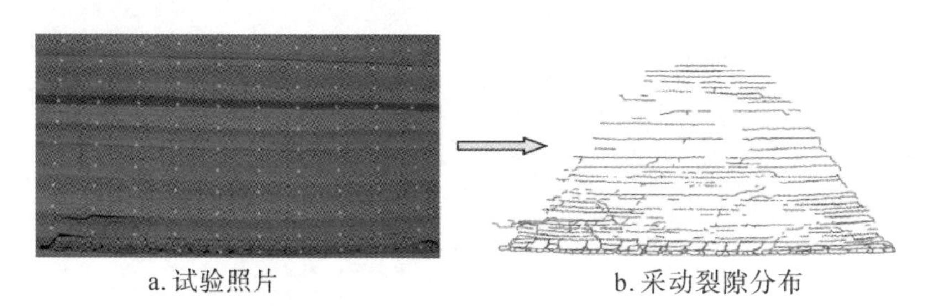

a. 试验照片　　b. 采动裂隙分布

图 6.16　上覆岩层采动裂隙图像提取

第二步是根据采动裂隙黑白图像，将其数值化为 0、1 方阵，这里我们取其中一部分来研究。形成的数据方阵为 16 阶方阵 $L(16,16)$（图 6.17）。

第三步是应用重正化技术进行粗视化变换，直至最终结果。如图 6.18，变换到最后的矩阵元素值为 1，说明可见该采动裂隙网络是贯通的。

对于不同采宽的裂隙图片，均可采用这种重正化方法进行粗视化变换，计算其贯通特性，寻找其演化过程的临界点。这为采动裂隙贯通性研究提供一种新的方式。

$$
\begin{bmatrix}
1 & 1 & 1 & 0 & 0 & 0 & 0 & 0 & 0 & 0 & 0 & 0 & 0 & 0 & 0 & 0 \\
1 & 1 & 1 & 1 & 1 & 1 & 1 & 1 & 1 & 1 & 1 & 1 & 1 & 1 & 1 & 1 \\
1 & 1 & 1 & 1 & 1 & 1 & 1 & 1 & 1 & 1 & 1 & 1 & 1 & 1 & 1 & 1 \\
1 & 1 & 1 & 0 & 0 & 0 & 0 & 0 & 0 & 0 & 0 & 1 & 1 & 1 & 1 & 1 \\
1 & 1 & 1 & 1 & 1 & 1 & 0 & 0 & 0 & 0 & 0 & 0 & 0 & 0 & 0 & 0 \\
0 & 0 & 1 & 1 & 1 & 1 & 0 & 0 & 0 & 0 & 0 & 0 & 0 & 0 & 0 & 1 \\
0 & 0 & 0 & 1 & 1 & 1 & 0 & 0 & 0 & 0 & 0 & 0 & 0 & 0 & 0 & 1 \\
0 & 0 & 0 & 0 & 1 & 1 & 1 & 0 & 0 & 0 & 0 & 0 & 0 & 0 & 1 & 1 \\
0 & 0 & 0 & 0 & 1 & 1 & 1 & 0 & 0 & 0 & 0 & 0 & 0 & 0 & 1 & 1 \\
0 & 0 & 0 & 0 & 1 & 1 & 0 & 1 & 1 & 1 & 1 & 1 & 1 & 1 & 1 & 1 \\
0 & 0 & 0 & 1 & 1 & 1 & 1 & 1 & 1 & 1 & 1 & 1 & 1 & 1 & 1 & 1 \\
0 & 0 & 1 & 1 & 1 & 1 & 1 & 1 & 0 & 0 & 0 & 0 & 0 & 0 & 1 & 1 \\
1 & 1 & 1 & 1 & 1 & 0 & 0 & 0 & 0 & 0 & 0 & 0 & 0 & 0 & 0 & 1 \\
1 & 1 & 0 & 0 & 0 & 0 & 0 & 0 & 0 & 0 & 0 & 0 & 0 & 0 & 0 & 0 \\
0 & 0 & 0 & 0 & 0 & 0 & 0 & 0 & 0 & 0 & 0 & 0 & 0 & 0 & 0 & 0 \\
0 & 0 & 0 & 0 & 0 & 0 & 0 & 0 & 0 & 0 & 0 & 0 & 0 & 0 & 0 & 0
\end{bmatrix}_{16\times16}
$$

图 6.17 裂隙图像数值化方阵

$$
L(16,16) \Rightarrow
\begin{bmatrix}
1 & 1 & 1 & 1 & 1 & 1 & 1 & 1 \\
1 & 1 & 1 & 1 & 1 & 1 & 1 & 1 \\
1 & 1 & 1 & 0 & 0 & 0 & 0 & 1 \\
0 & 1 & 1 & 1 & 0 & 0 & 0 & 1 \\
0 & 0 & 1 & 1 & 1 & 1 & 1 & 1 \\
0 & 1 & 1 & 1 & 1 & 1 & 1 & 1 \\
1 & 1 & 1 & 0 & 0 & 0 & 0 & 1 \\
0 & 0 & 0 & 0 & 0 & 0 & 0 & 0
\end{bmatrix}_{8\times8}
\Rightarrow
\begin{bmatrix}
1 & 1 & 1 & 1 \\
1 & 1 & 0 & 1 \\
1 & 1 & 1 & 1 \\
1 & 1 & 0 & 1
\end{bmatrix}_{4\times4}
\Rightarrow
\begin{bmatrix}
1 & 1 \\
1 & 1
\end{bmatrix}_{2\times2}
\Rightarrow [1]
$$

图 6.18 采动裂隙网络贯通性重正化变换结果

综合上述采动裂隙网络重正化分析结果,可见,重正化方法可以应用到上覆岩层采动裂隙网络贯通性研究上,可建立采动裂隙网络重正化模型,并通过临界参数的计算,表明其演化过程中的临界相变特性;针对相似模拟试验中获得采动裂隙网络,可以采用重正化方法分析其贯通特性。虽然我们采用从理论角度推导了采动裂隙重正化变换公式,求出了临界指数,分析了采动裂隙贯通性,但是必须注意的,重正化群终究是近似理论,在粗视化过程中,保留系统的主要性质同时与忽略了系统的一些细部,这是其近似性的来源;对于采动裂隙演化到最终破裂,重正化方法只能预测其临界行为,而不能预测从稳定变形到破裂的过程。提高重正化群精度的方法有两种,一种是采用 Monte Carlo 重正化,但其提高精度有限且其随机产生裂隙机制与实际岩体破裂产生机制上很难一致;另一种是在解析法增大元胞尺寸方法,但复杂性提高,通常解析法的限度是 $b = 4$,因而选择合适的元胞尺寸及变化形式是重正化的关键[133,140,141]。

6.4 本章小结

本章应用逾渗理论和重正化方法建立了有关模型,研究了上覆岩层采动裂隙网络的逾渗特性,有关结论如下:

(1)试验结果表明,不同采宽时的上覆岩层采动裂隙网络分布具有分形特性;采动裂隙网络演化发展过程与逾渗相变过程非常相似,周期性的地压活动使采动裂隙演化过程呈现临界性,随采宽增加,上覆岩层中远离大尺度地压活动的小尺度破裂具有随机性,相应的采动裂隙分布具有时空上的无序性,当小尺度破裂之间的关联程度累积增强而达到关联长度时,大尺度的上覆岩层断裂活动发生引发地压活动。这时本文应用逾渗理论和重正化方法的基础。

(2)采用逾渗理论建立了上覆岩层采动裂隙网络逾渗模型,从理论上分析了其临界特性。在基础上采用 HK 算法编制了逾渗集团标定及有关逾渗参量的计算程序。建立了采动裂隙图像采集处理、逾渗集团标定、逾渗特性分析的较为可靠的研究方法。

(3)采用采动裂隙逾渗研究方法,计算了不同采宽时的逾渗参量:采动裂隙集团大小分布、总采动裂隙集团数、集团平均大小、逾渗分维、逾渗概率,并分析各参量相互之间及与采宽、裂隙率、压力等的关系。有关结论如下:

①随开采宽度的推进,采动所形成的岩体裂隙网络的分布区域逐步向工作面方向和上覆岩层方向扩展,其可以很好地表征岩体结构的特征。逾渗参量裂隙率作为序参量逾渗概率的控制参量,也可表征采动裂隙演化进程。

②裂隙存在概率与超前峰值压力之间存在较好的指数对应关系,说明裂隙存在概率可以较好反映超前压力变化。

③逾渗模型可能是描述上覆岩层采动裂隙演化较适合模型。上覆岩层裂隙演化具有一定的逾渗特点,但未表现出明显的临界特征。主要原因是采动裂隙

的提取基本是采集的是宏观离层裂隙和竖直裂隙，对其形成过程中形成的微裂纹没有采集，宏观裂隙间的微裂纹目前无法精确采集。

④采动岩体裂隙的形成、扩展、分布非常复杂，具有分形特征，用分形维数可以描述采动岩体裂隙网络在二维空间的特征。采动岩体分形裂隙网络演化具有阶段性。

⑤逾渗概率与分形维数呈典型的非线性增长趋势，随维数增加，逾渗概率增长逐渐加速。

$$P_N(p) = \frac{241.01434}{\{1 + \exp[-7.9031(D - 2.86901)]\}}$$

（4）采用重正化方法，在采动裂隙逾渗模型基础上，建立了采动裂隙演化重正化格子模型，定义了单元裂隙块体为最小单位破坏单元，并假定其强度服从Weibull分布。在重正化模型中，单元裂隙块体的破裂问题考虑了元胞内单元之间的相互作用和应力转移机制，推导了重正化群变换公式为

$$\begin{aligned} p_{r+1} = {} & p_r^4 + 4p_r^3(1 - p_r) + 4p_r^2(1 - p_r)^2\{3[1 - (1 - p_r)^8](1 - p_r)^8 \\ & + 2[1 - (1 - p_r)^3]^2\} + 4p_r(1 - p_r)^3\{[1 - (1 - p_r)^{\frac{5}{4}}]^2 \\ & + [1 - (1 - p_r)^{\frac{7}{9}}]^2(1 - p_r)^{\frac{7}{9}}\} = f_n(p) \end{aligned}$$

计算表明其不稳定的固定点是 $p^* = 0.26663375$，它是上覆岩层采动裂隙系统形成整个区域贯通性的相变临界点。临界参数 $\lambda = 1.9729$，$\nu = 1.020077$。在临界点附近，上覆岩层各单元裂隙块体之间的关联长度骤然增加，使采动裂隙分布由无序向有序转化，形成大尺度的上覆岩层断裂活动。

（5）重正化理论研究和试验采动裂隙分析结果表明，重正化方法为研究上覆岩层采动裂隙演化过程中的临界性研究为我们提供一种新的思路，可以较好地表示采动裂隙系统的临界性和贯通性。

7 上覆岩层裂隙演化逾渗模型研究

基于裂隙聚团演化过程表现出的临界特征，利用逾渗理论，建立上覆岩层的逾渗模型，并分别分析沿走向和沿倾向条件下采动裂隙的逾渗特性。根据相似模拟试验结果，分析采动裂隙演化逾渗特性及周期来压之间的关系。所建逾渗模型中逾渗概率、裂隙率、逾渗团大小、竖向破断裂隙概率、离层裂隙概率可以较为完备地定量描述裂隙特征，为建立裂隙与渗透率等相关参量的定量关系提供合适的数学载体。

7.1 相似模拟试验

a.沿走向

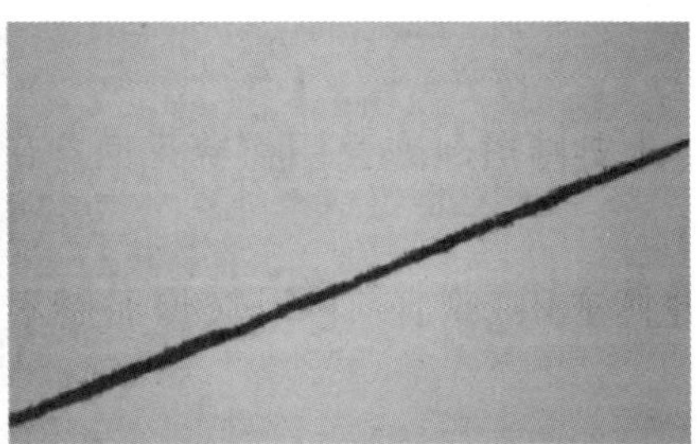

b.沿倾向

图 7.1 相似材料模型概貌图

试验以平煤八矿己 14 - 14120 采面为原型，煤层采高 3.6m，线性比采用 1∶150。①沿走向（图 7.1a）：模型高 120cm，煤厚 2.4cm，上覆岩层厚 111.6cm，铺设三层底板，共 6cm，对于未能铺设的上覆岩层重量通过施加表面力来实现。②沿倾向（图 7.1b）：模型高 120cm，由于煤层倾斜，煤层上方覆岩厚度为 42.5 ~ 115cm，煤厚 2.4cm，模型底板铺设厚度为 5 ~ 77.5cm，对应岩层重量通过施加表面力实现，为更清晰地显示开采过程中裂纹演化情况及方便后期图片处理，在正面涂上白色涂料。

7.2 采动裂隙宏观演化特征

煤层采动过程中，随着工作面不断推进，上覆岩层裂隙不断向前和向上发育，演化处于随机和无序的状态，分布复杂。裂隙基本分为两类：离层裂隙（层与层之间出现的沿层裂隙）和竖向破断裂隙（岩层垮落后形成的穿层裂隙，是上下岩层间水和瓦斯流通通道）。事实上，采煤是三维立体空间对岩层的扰动，目前无论现场探测裂隙分布与室内再现都存在极大困难，主要方法仍是钻探揭露或利用波特性去探测，但由于采场岩石分布及材料特性复杂，存在诸多不确定性。室内试验仍是以相似模拟试验为主，针对平煤八矿具体情况，尝试从走向（图 7.2）和倾向（图 7.3）两个方向研究上覆裂隙演化规律。

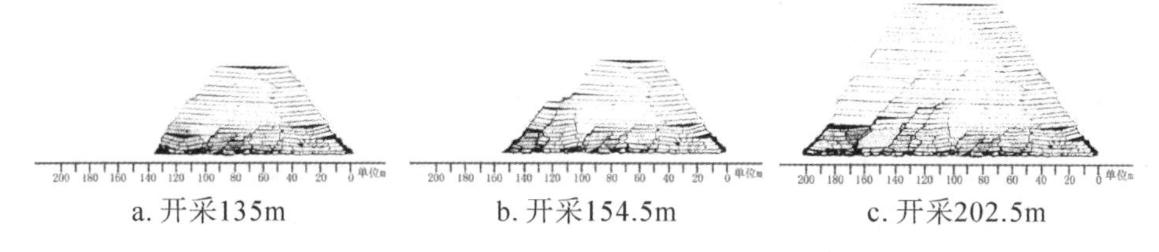

a. 开采135m　　b. 开采154.5m　　c. 开采202.5m

图 7.2　沿走向工作面推进不同距离采动裂隙演化过程

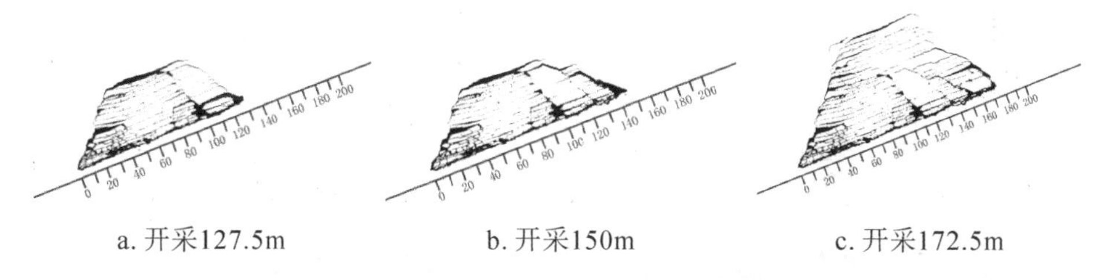

a. 开采127.5m　　b. 开采150m　　c. 开采172.5m

图 7.3　沿倾向工作面推进不同距离采动裂隙演化过程

图 7.4 是沿走向及沿倾向开采过程中裂隙发育高度变化曲线图，随着工作面的推进，采动裂隙的位置不断向前向上动态发展，裂隙发展高度呈梯形不断演化。在开采过程中，采空区顶板在自重及上覆岩层的压力作用下发生弯曲下沉，当内部应力超过允许强度时形成垮落带。下位岩层破坏后，上位岩层以同样的方式发生下沉、弯曲直至破坏，岩层的移动破坏就是以这种方式由下向上逐步演化。下位破碎的岩体由于卸压在体积上发生膨胀，同时由于变形范围的逐步扩展减少了岩层弯曲曲率，当岩层破坏发展到一定高度后，岩层内部拉应力小于允

许抗拉强度,岩层只发生下沉和弯曲,不产生垂直于层面方向的断裂破坏。岩层虽然自身是连续的,但下沉过程中会产生离层。工作面推进一定距离后,裂隙发育高度趋于稳定,不再发生变化。

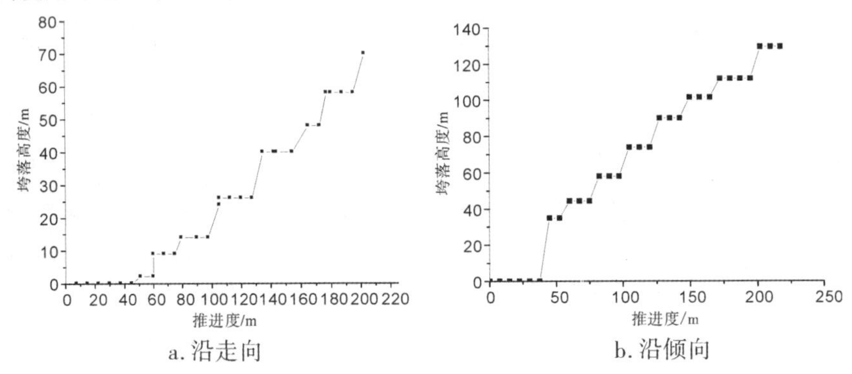

a. 沿走向　　b. 沿倾向

图 7.4　裂隙发育高度变化曲线

为了定量描述采动裂隙的发育程度,离层裂隙采用裂隙密度(单位面积内裂隙的条数)计算,竖向破断裂隙主要统计可以产生导通作用的竖向裂隙数量,即两层之间贯通的裂隙条数。在统计裂隙数量时,基于逾渗网格模型,采用不同尺寸的网格划分不同工作面推进距离的裂隙网络图,裂隙长度可以通过计算尺寸 δ 的网格数量叠加得到(图 7.5)。

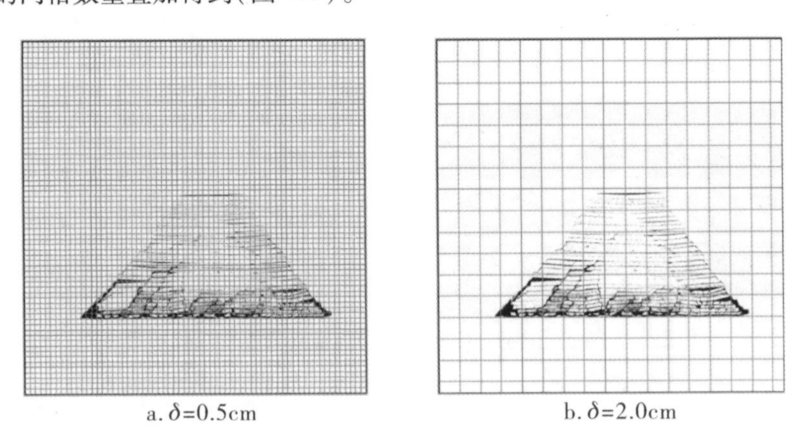

a. δ=0.5cm　　b. δ=2.0cm

图 7.5　沿走向工作面推进到 177m 时裂隙网格图

统一标准,对图片设置相同起始点,并设置图片像素大小均为 3900×3900,为了能够更精确地计算裂隙密度,综合统计离层裂隙条数计算沿走向及沿倾向开采过程中裂隙密度的变化规律(图 7.6)。

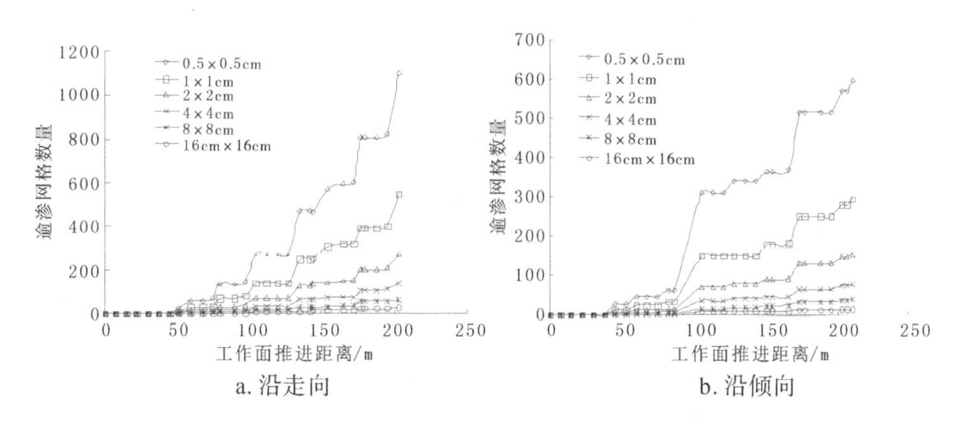

a. 沿走向　　b. 沿倾向

图 7.6　不同尺寸网格对应的覆岩离层裂隙数量

图 7.7 为沿走向和沿倾向开采过程中离层裂隙密度演化曲线图,随着开采地不断进行,离层裂隙密度呈阶梯状不断增加,当上覆岩层垮落后离层裂隙不断发育的同时密度增大。沿走向煤层开采到 100m 后周期来压稳定,每次来压发生时,裂隙密度增加幅度较大;沿倾向开采到 90m 以后,周期来压趋于稳定,与开采初期相比裂隙密度增加的幅度较大,离层裂隙迅速发育,离层裂隙密度增加。竖向裂隙在统计时主要考虑裂隙是否贯通上下两岩层,如果竖向裂隙未连通相邻两岩层,不能成为水和瓦斯的连通通道,不予统计。从图 7.8 中可以看出随工作面不断推进,竖向裂隙的数量一直在不断增加,只是增加的幅度不同,在每次发生周期来压时,竖向裂隙迅速增加。沿走向开采时竖向破断裂隙仅在距煤层底板 45m 左右高度以下有明显发展,45m 以上以离层裂隙为主;沿倾向开采时竖向破断裂隙仅在距煤层底板 50m 左右高度以下有明显发展,50m 以上以离层裂隙为主。

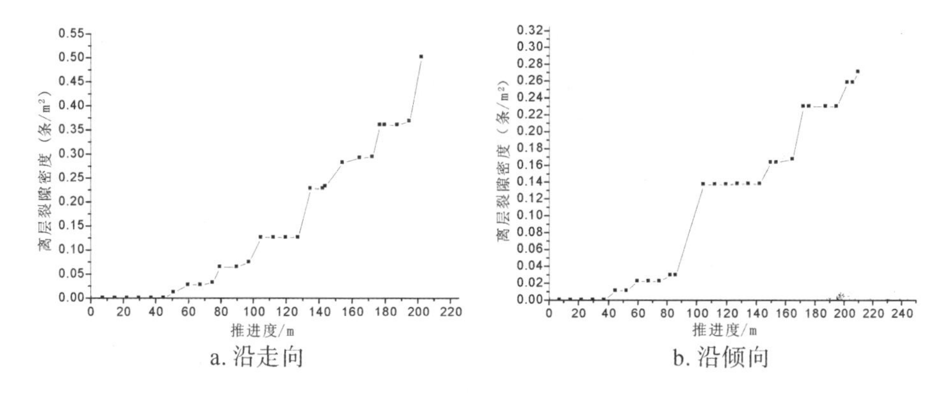

a. 沿走向　　b. 沿倾向

图 7.7　开采过程中离层裂隙密度变化曲线

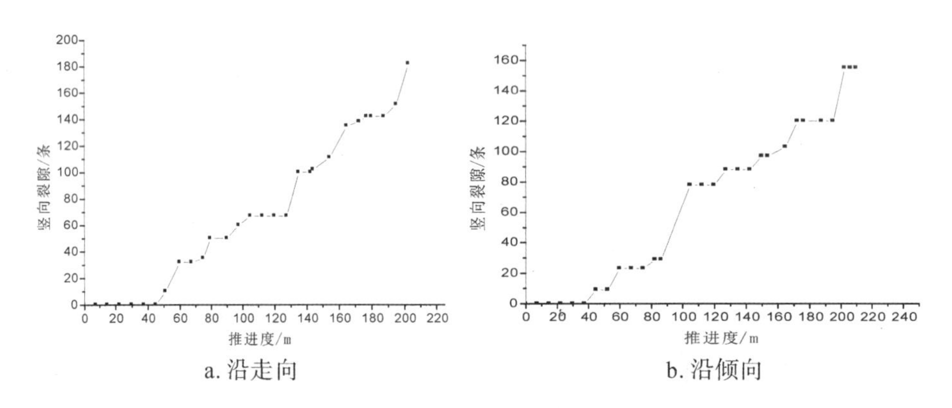

a. 沿走向　　b. 沿倾向

图 7.8　开采过程中竖向裂隙数量变化曲线

7.3　采动裂隙演化逾渗模型研究

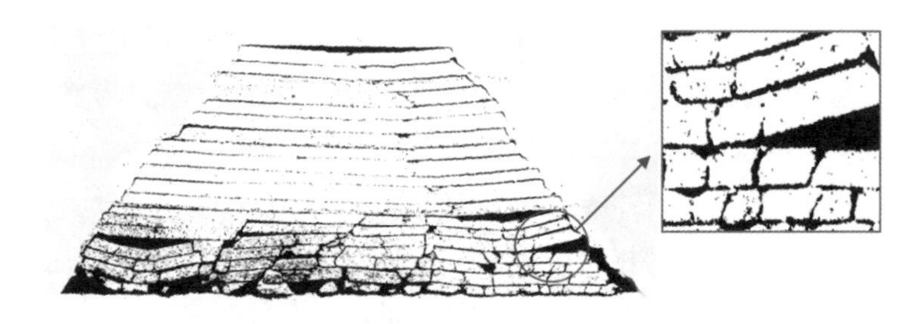

图 7.9　逾渗模型中横向裂隙与竖向裂隙连通示意图

逾渗概率在临界概率 p_c 附近时，由格点（键）组成的聚团发生由局部连通到整体贯通的突变，当占据格点或键的概率在逾渗阈值以下时，逾渗只在有限区域内发生；当概率等于逾渗阈值或者大于阈值，逾渗则可达无穷远处。应用到煤层开采过程中上覆岩层裂隙网络演化中，用键代表裂隙，对于裂隙网络演化来说，键的连通相当于新裂隙的产生或者原有裂隙的扩展。煤层开采过程中，上覆岩层中原有裂隙不断扩展、丛集、贯通，形成的裂隙聚团不断演化，达到某一程度时引起大规模破断。借鉴逾渗理论中的“键逾渗”概念，以横向离层裂隙网络为基础，叠加竖向破断裂隙的影响，以此研究煤层开采过程中上覆岩层裂隙网络演化过程。在判断裂隙网络的连通性时，将每一条横向裂隙抽象成为一个概念的“座”，每个“座”与其他所有“座”之间的连通性决定于两个“座”之间“键”连通，反之亦然，因此这种裂隙网络连通可以认为是键逾渗，每个“座”均与其他所有

"座"存在潜在连通关系,并由"键"(竖向裂隙构成)相连。竖向裂隙在横向裂隙之间构成连通的辅助通道,使得并不相交的两条横向裂隙以一定概率发生连通,这个概率为竖向裂隙连通概率 P 。连键表示两条横向裂隙之间发生连通,断键表示两条横向裂隙之间的竖向裂隙是堵塞的。

通过逾渗网格对采动裂隙的定量统计结果,计算工作面不同推进度下的逾渗概率、逾渗团大小、竖向破断裂隙概率、离层裂隙概率,并分析工作面推进过程中上覆岩层采动裂隙网络分布的逾渗特性,包括逾渗概率、逾渗团的演化规律。逾渗概率和裂隙率是逾渗问题的两个重要概念,通过计算不同推进度下的逾渗概率,分析煤层采动过程中上覆岩层裂隙网络连通状况,同时计算相应的裂隙率,分析上覆岩层裂隙整体演化情况。在上覆岩层采动逾渗模型中,逾渗概率是根据最大团定义的,团是指建立的 $\delta \times \delta$ 网络模型中相邻的竖向裂隙和离层裂隙的相连集合,团的大小是指团所占格点(或边)的多少,其中最大的团被称为最大团,当最大团连通上下或者左右边界时称为逾渗团,则逾渗概率为

$$P(p) = \frac{M(\delta)}{\delta^d} \tag{7-1}$$

式中: $P(p)$ 为逾渗概率, $M(\delta)$ 为网格尺寸为 δ 的最大团中被占格点(或边)的数量, δ^d 为网格中点或边的总量,建立的 $\delta \times \delta$ 逾渗网络模型中 $d = 2$ 。

图 7.10 为沿走向和倾向开采过程中逾渗概率演化曲线,随着开采不断推进,逾渗概率不断呈阶梯状增加。沿走向开采煤层到 144m 时,逾渗概率迅速增加,裂隙连通团迅速扩展。沿倾向开采煤层到 86.25m 时直接顶完全垮落,开采到 112.5m、135m、172.5m、202.5m 时发生周期来压,与之对应的逾渗概率均发生较大幅度的增加,裂隙连通团不断向上和向前延伸。在直接顶完全垮落之前逾渗概率增幅较小,裂隙连通团发育相对缓慢。

而裂隙率指上覆岩层采动裂隙所占格点数与上覆岩层总面积的比值

$$p' = \frac{B(\delta)}{\delta^2} p' = \frac{B(\delta)}{\delta^2} \tag{7-2}$$

式中: p' 为裂隙率, $B(\delta)$ 为网格尺寸为 δ 的裂隙所占格点(或边)的数量, δ^2 为建立的 $\delta \times \delta$ 网络模型中点或边的总量。

图 7.11 为沿走向和倾向开采过程中裂隙率演化曲线,沿走向开采,开采到 105m、135m、180m、202.5m 时上覆岩层产生周期来压现象,对应的裂隙率增加幅度相对较大,裂隙不断向上和向前扩展;沿倾向开采,当直接顶完全垮落(开采到 86.25m)以及开采到 172.5m 时,裂隙率迅速增加,裂隙扩展演化幅度较大,

其余阶段增加相对较缓慢。

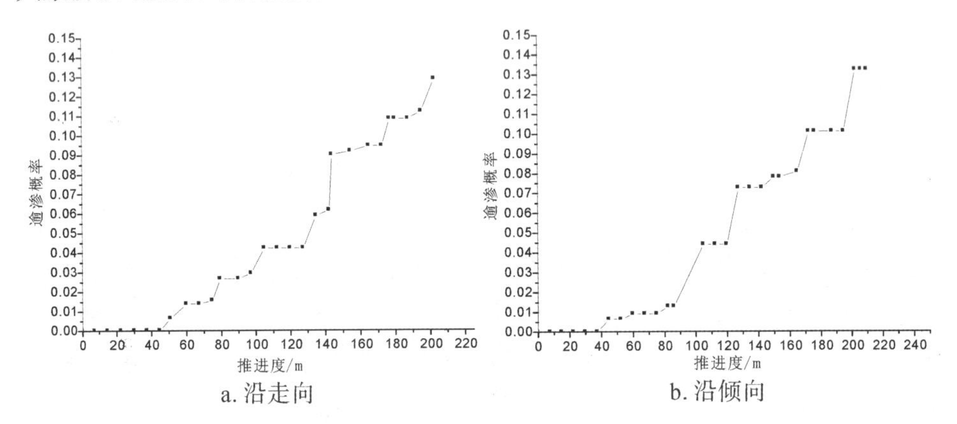

图 7.10 开采过程中逾渗概率演化曲线

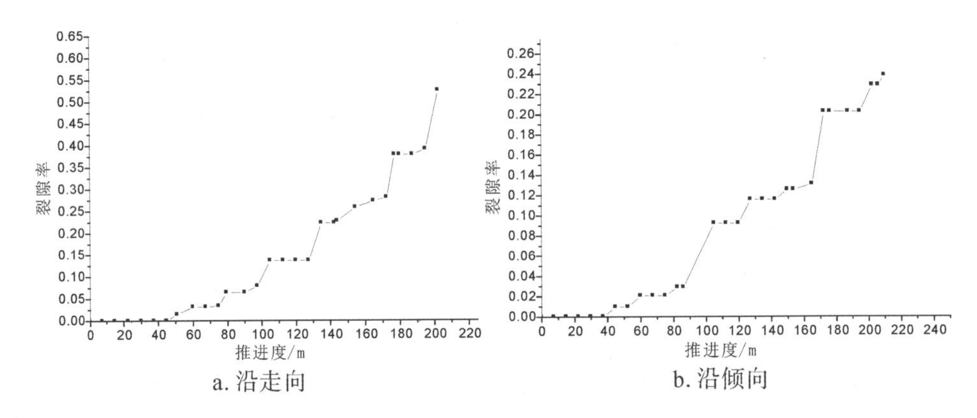

图 7.11 开采过程中裂隙率演化曲线

图 7.12 为沿走向开采过程中竖向破断裂隙与最大团之间的关系曲线、离层裂隙与最大团之间的关系曲线。随着竖向裂隙的不断增加，最大团占据格点数也不断增加，且竖向裂隙与最大团之间的关系曲线基本呈线性关系，说明随着开采工作面的推进，竖向裂隙与最大团的演化趋势基本相同。随着离层裂隙的不断增加，最大团占据格点数也不断增加，当开采到 105 ~ 142.5m 之间时，由于采空区的不断增大以及上覆岩层周期来压作用，离层裂隙不断增加，但最大团增加的幅度较小，主要因为在离层裂隙之间产生导通作用的竖向裂隙增幅也较小，导致最大团主要向前发育，并未向上扩展。在开采到 150m 时最大团占据格点数与离层裂隙之间的斜率增大，此时竖向裂隙增幅较大，导致最大团迅速向上向前扩展。图 7.13 为沿倾向开采过程中竖向破断裂隙、离层裂隙与最大团之间的关

系曲线,最大团占据格点数与竖向破断裂隙、离层裂隙之间的关系基本一致。在煤层开采初期,最大团占据格点数与竖向裂隙的斜率大致相同,最大团占据格点数与竖向裂隙的斜率也基本一致。开采到 105 ~ 142.5m 时离层裂隙和竖向裂隙同时增加,导致最大团迅速扩展。煤层开采到 150m 后竖向裂隙与最大团的增幅又保持一致,但离层裂隙与最大团关系曲线变化较大,同时最大团与竖向裂隙的斜率大于离层裂隙的斜率,主要因为在采动裂隙逾渗模型中,竖向破断裂隙充当"键"的位置,对裂隙团的导通起关键作用。

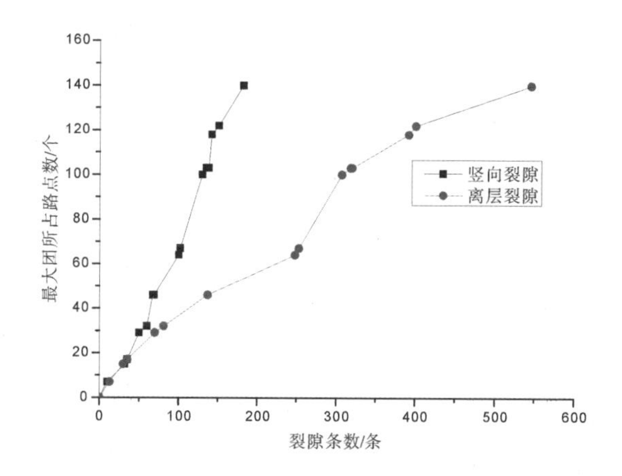

图 7.12 沿走向开采过程中竖向破断裂隙、离层裂隙与最大团关系曲线

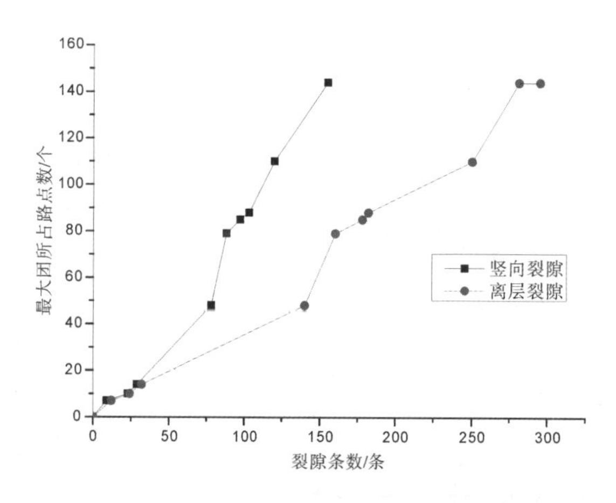

图 7.13 沿倾向开采过程中竖向破断裂隙、离层裂隙与最大团关系曲线

图7.14为沿走向开采过程中最大团、离层裂隙和竖向裂隙的增量对比曲线，煤层沿走向开采时，最大团所占格点数增量呈波浪形状态演化，最大团逐渐增大。开采到154.5m时达到最大值，此时上覆岩层虽然没有发生大面积垮落，但竖向裂隙明显增多，导致最大团面积增大，整个开采过程最大团增量共出现7个峰值点，最大团占据格点数不断增加，每次出现峰值点时，都伴随着一次垮落现象。离层裂隙增量和竖向裂隙增量与最大团增量趋势大致相同，呈波浪形状态演化，同时峰值点不断增加，在开采到154.5m时到达一个最大值，之后峰值点下降，随着开采的进行，峰值点又继续增加。

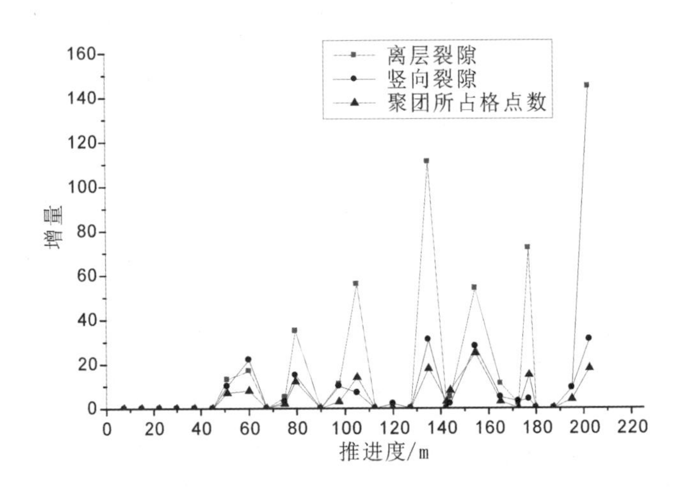

图7.14 沿走向开采过程中最大团、离层裂隙和竖向裂隙的增量对比曲线

图7.15为沿倾向开采过程中最大团、离层裂隙和竖向裂隙的增量对比曲线，与沿走向开采时相同，规律呈波浪形状态演化，开采到210m的过程中最大团增量共出现8个峰值点，开采到105m时达到最大值，此时上覆岩层虽然没有发生大面积垮落，但竖向裂隙明显增多，导致最大团面积增大。之后峰值点先下降然后又逐渐增加，开采到202.5m时达到与开采到105m时相同的最大值点，每次出现峰值点时，同样也都伴随着一次垮落现象。离层裂隙增量和竖向裂隙增量与最大团增量趋势大致相同，呈波浪形状态演化，同时峰值点不断增加，在开采到105m时到达一个最大值，之后峰值点下降，然后继续增加。综上所述，利用所建逾渗模型中逾渗概率、裂隙率、逾渗团大小、竖向破断裂隙概率、离层裂隙概率可以较为完备地定量描述裂隙特征，为建立裂隙与渗透率等相关参量的定量关系提供了合适的数学载体。

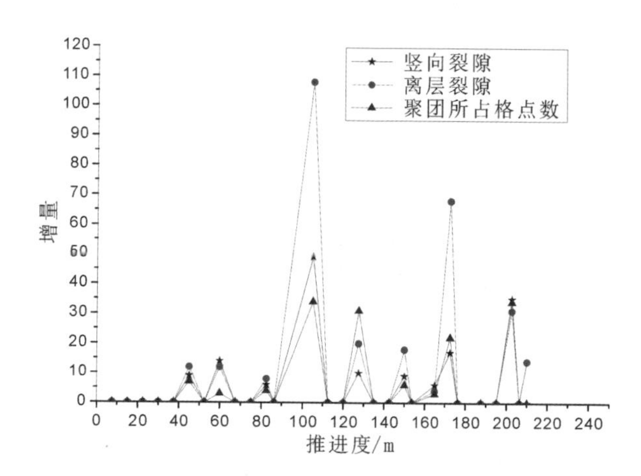

图 7.15 沿倾向开采过程中最大团、离层裂隙和竖向裂隙的增量对比曲线

7.4 结论

针对平煤八矿，通过定量描述上覆岩层两种类型采动裂隙（离层裂隙和竖向破断裂隙），以逾渗理论为基础，建立上覆岩层逾渗模型，并分析采动裂隙的逾渗特性，得到如下结论：

（1）煤层沿走向及沿倾向开采时，离层裂隙密度以及竖向裂隙的条数均随着开采的进行而呈阶梯状不断增加，只是增加幅度不同，与开采初期相比，当周期来压现象稳定后，裂隙密度及竖向裂隙数量增加的幅度较大。

（2）沿走向和倾向开采过程中逾渗概率及裂隙率随着开采的不断推进呈阶梯状增加，同时，当上覆岩层发生周期来压时，增加幅度相对较大，裂隙扩展演化较快，其余阶段增加相对缓慢。

（3）在采动裂隙逾渗模型中，竖向破断裂隙充当“键”的位置，对裂隙团的导通起关键作用，竖向裂隙增幅较大时，最大团演化速度相对较快。同时，离层裂隙增量和竖向裂隙增量与最大团增量变化趋势大致相同，呈波浪形状态演化，增量峰值点均先不断增加，当煤层沿走向开采到 154.5m 时到达一个最大值，沿倾向开采到 105m 时到达一个最大值，之后峰值点下降，同时随着开采的进行，峰值点又继续增加。

（4）利用所建逾渗模型中逾渗概率、裂隙率、逾渗团大小、竖向破断裂隙概率、离层裂隙概率可以较为完备地定量描述裂隙特征，为建立裂隙与渗透率等相关参量的定量关系提供了合适的数学载体。

8 结论与展望

8.1 主要研究结论

本书通过相似模拟试验、三轴力学试验、采动力学试验等,结合数值仿真分析,并利用非线性分析工具分形等多种研究手段,对保护层开采条件下被保护层、采动工作面前方煤岩体乃至全场的渗透分布规律、裂纹扩展演化、增透机理进行系统的分析研究。通过以上研究主要取得了以下研究成果和主要结论:

(1)工作面开采引起前方煤岩体变形及瓦斯渗透变化是一个复杂的过程,其主要特点及规律如下:以淮南张集矿 11-2 煤层工作面回采为原型,建立了等效孔隙、裂隙模型,并推导了三维空间状态下可以考虑含孔隙裂隙的横向各向同性煤岩体力学模型,其能真正考虑基于倾角的煤岩体真实赋存应力状态,给出煤岩体等效轴向应变、径向应变与体积应变表示式,通过与试验比较,理论模型可以较好地反映煤岩体真实变形。基于淮南张集矿 11-2 工作面开采,结合 3 种不同开采条件,得到保护层、放顶煤与无煤柱 3 种不同开采的支承压力峰值系数分别为 1.75、2.17 与 2.95,进一步提炼不同开采方式的共性特征,并推导出支承压力与水平应力分布公式,其能综合考虑不同开采方式及影响范围下的煤岩体采动力学行为。建立体积应变与渗透率之间的多项式关系方程,并给出采动条件下 3 种不同开采方式下的体积应变分布曲线与渗透率分布曲线。保护层开采与放顶煤开采体积应变分布曲线基本分为 4 个变形阶段,其分界范围基本与支承压力分布范围一致,分别为变形剧烈阶段、变形增长阶段、变形初始阶段与稳定阶段。但无煤柱开采升压区体积应变变化较一致,未有明显变化为,其变形初始与增长阶段界限模糊。而渗透率分布曲线分为 3 个主要阶段:急速增加阶段、增长阶段与缓慢增加阶段，但不同开采方式其三区分布范围不同。

（2）上覆岩层的移动变形与渗透率的分布具有相关性，而体积应变恰恰能反映渗透率的变化趋势。基于概率积分法由半无限开采叠加生成的理论模型可以很好地反映试验数据，并且其建立的体积应变公式可以反映被保护层的体积变形，发现了体积应变与渗透率的正向关系。指出伴随着煤层的塌陷弯曲变形，由于煤层水平方向刚度减少及重力产生的分量在端部产生部分拉应力抵消水平压应力导致水平应力的释放，同时指出附加弯矩 $\sigma_x\omega$ 会反过来影响煤体中的水平应力状态，附加弯矩将会在煤层中性点下部产生卸压作用，上部对煤层产生增强作用。总体上作为主导地位的是煤层水平方向上变形卸压，表现为在水平方向上的卸压过程，优化了“两带”力学模型。根据体积应变－渗透率变化曲线，将其分为 3 个过程：体积压缩阶段、线弹性变形阶段及体积急剧膨胀阶段，沿沉降范围体积应变总体上呈对称分布，从两端到中心经历了体积压缩增加，压缩减小与体积膨胀增加过程，并且当体积应变达到 0.015 时，渗透率急剧增大，其卸压增透效果最好。

（3）基于潘一矿煤田地质背景，采保护层可以显著释放被保护层压力，引起被保护层裂隙发育、体积膨胀及渗透率增高。孔隙的收缩扩展及联通直接反映着渗透率的变化，也直接影响煤岩体的体积变形。孔（裂）系的定量描述及实时测量存在困难，由此建立理论体积应变（ ε_V ）－渗透率（ k ）关系方程。本书是基于实验室小尺度条件下建立保护层开采对被保护层变化的影响关系，从相对数量级上看增透效果可以作为煤矿评价被保护层增透效果的一个方式，下一步将结合现场试验及更大尺寸试验综合分析研究体积膨胀及渗透率增长分布规律。基于相似模拟可视化方法与煤气耦合渗透试验建立被保护层卸压增透效果评价模型具有可行性与合理性。工作面前方被保护层渗透率要大于保护层区域，可见卸压扩散向上有个漏斗效应，越往上范围越大。后方随垮落区的形成与再压密，其渗透率也逐渐减小，形成类似蝌蚪状分布。随着工作面向前推进，体积膨胀与渗透率演化分布是一致的，针对潘一矿来讲被保护层渗透要滞后于保护层约 50m，因此斜向后方密集布置钻孔更有利于瓦斯抽采。

（4）室内真实有效模拟煤矿采动力学行为与瓦斯流动规律对防治煤与瓦斯突出灾害认识机理有着重要的指导意义。工作面开采引起前方煤岩体变形及瓦斯渗透变化是一个复杂的过程，根据搜集大量工作面前方支承压力数据，可初步将这些数据划分为 3 个不同开采条件，即无煤柱开采、放顶煤开采与保护层开采,无煤柱支承压力峰值系数范围约为 2.5 ~3.0,放顶煤支承压力峰值系数范围约为 2.0 ~2.5,而保护层开采支承压力峰值系数范围约为 1.5 ~2.0。3 种不同开采条件下,试样由零应力状态恢复到原始应力状态,再过渡到升压区,相对于卸压区渗透率急剧变化,此阶段渗透率基本无变化。结合分布状态,工作面为临空面,前方为卸压区,此区间煤体破坏严重,裂隙通道较多,瓦斯解析充分,易造成工作面瓦斯浓度超标,因此回采过程中有必要加强通风降低瓦斯浓度。煤中瓦斯向临空面流动,而升压区间煤体裂隙增多后又闭合阻碍瓦斯总体趋势流动,有必要将钻孔穿透增压区间,降低煤与瓦斯突出风险。试件破坏后即轴向应力峰后阶段,3 种开采方式下瓦斯渗透率都呈现急剧增加,又各具特征。无煤柱开采主要分两阶段降压,第二阶段末,裂纹贯通,瓦斯通道突然形成通畅,导致渗透率急剧增加,渗透率整体上变化跨越数量级较小,试样破坏时,渗透率发生突变,急剧增加,随后快速增加。放顶煤开采主要分为 3 个阶段,峰值稳压区间、峰值后缓慢降压区间、峰值后急速降压区间。在缓慢降压区间前,渗透率随应变变化几乎水平,略有变大,随后在峰值后急速降压区间,渗透率急剧变大,至此煤体破裂,瓦斯通道畅通,随后渗透率缓慢增加,此时残余应力保持稳定。保护层开采同放顶煤开采分为 3 个阶段,稳压阶段,渗透率有所上升,此时裂纹开始大量产生;随后两个降压阶段,渗透率缓慢增加,当试件突然破坏时,渗透率急剧增加;然后再残余应力阶段,渗透率缓慢增加。

(5)本书应用在分析逾渗理论的基础上,建立了以单元裂隙块体为格点单元的采动裂隙逾渗网格点阵模型,根据采动裂隙不同演化阶段的分布图像,研究了上覆岩层采动裂隙网络的逾渗特性与相变临界性。

1)采动裂隙网络演化发展过程与逾渗相变过程非常相似,周期性的地压活动使采动裂隙演化过程呈现临界性,随采宽增加,上覆岩层中远离大尺度地压活动的小尺度破裂具有随机性,相应的采动裂隙分布具有时空上的无序性,当小尺度破裂之间的关联程度累积增强而达到关联长度时,大尺度的上覆岩层断裂活动发生引发地压活动。基于此采用逾渗理论建立了上覆岩层采动裂隙网络逾渗模型,从理论上分析了其临界特性。

2)根据逾渗模型对采动裂隙演化特征进行了逾渗特性研究。采用 HK 算法编制了逾渗集团标定及有关逾渗参量的计算程序。建立了采动裂隙图像采集处理、逾渗集团标定、逾渗特性分析的较为可靠的研究方法。计算了不同采宽时的逾渗参量:采动裂隙集团大小分布、总采动裂隙集团数、集团平均大小、逾渗分

维、逾渗概率,并分析各参量相互之间及与采宽、裂隙率、压力等的关系。研究结果表明采动裂隙逾渗演化的主要特点为:

①随开采宽度的推进,采动所形成的岩体裂隙网络的分布区域逐步向工作面方向和上覆岩层方向扩展,其可以很好地表征岩体结构的特征。逾渗参量裂隙率作为序参量逾渗概率的控制参量,也可表征采动裂隙演化进程。

②裂隙存在概率的自然对数与超前峰值压力之间存在较好的线性关系:

$$\ln p = 0.0051F - 7.91559$$

说明裂隙存在概率可以较好反映超前压力变化。

③逾渗模型可以描述上覆岩层采动裂隙演化过程。上覆岩层裂隙演化具有一定的逾渗特点,但未表现出明显的临界特征。主要原因是采动裂隙的提取基本是采集的是宏观离层裂隙和竖直裂隙,对其形成过程中形成的微裂纹没有采集,宏观裂隙间的微裂纹目前无法精确采集。

(6)采用重正化群理论,在采动裂隙逾渗模型基础上,建立了采动裂隙演化重正化格子模型;采用重正化技术的粗视化方法对采动裂隙的贯通临界性进行预测分析。定义了单元裂隙块体为最小单位破坏单元,并假定其强度服从Weibull分布。在重正化模型中,单元裂隙块体的破裂问题考虑了元胞内单元之间的相互作用和应力转移机制,推导了重正化群变换公式为

$$\begin{aligned}p_{r+1} &= p_r^4 + 4p_r^3(1-p_r) + 4p_r^2(1-p_r)^2\{3[1-(1-p_r)^8](1-p_r)^8 \\ &\quad + 2[1-(1-p_r)^3]^2\} + 4p_r(1-p_r)^3\{[1-(1-p_r)^{\frac{5}{4}}]^2 \\ &\quad + [1-(1-p_r)^{\frac{7}{9}}]^2(1-p_r)^{\frac{7}{9}}\}\end{aligned}$$

计算表明其不稳定的固定点是 $p^* = 0.26663375$,它是上覆岩层采动裂隙系统形成整个区域贯通性的相变临界点 $\lambda = 1.9729$。临界参数 $\lambda = 1.9729$,$\nu = 1.020077$。计算获得了关联长度和破坏概率之间的关系:$\xi \sim 1.9729|p - 0.26663375|^{-1.020077}$。在临界点附近,上覆岩层各单元裂隙块体之间的关联长度骤然增加,使采动裂隙分布由无序向有序转化,形成大尺度的上覆岩层断裂活动。

(7)针对平煤八矿,通过定量描述上覆岩层两种类型采动裂隙(离层裂隙和竖向破断裂隙),以逾渗理论为基础,建立上覆岩层逾渗模型,并分析采动裂隙的逾渗特性,得到如下结论:

1)煤层沿走向及沿倾向开采时,离层裂隙密度以及竖向裂隙的条数均随着开采的进行而呈阶梯状不断增加,只是增加幅度不同,与开采初期相比,当周期

来压现象稳定后,裂隙密度及竖向裂隙数量增加的幅度较大。

2)沿走向和倾向开采过程中逾渗概率及裂隙率随着开采的不断推进呈阶梯状增加,同时,当上覆岩层发生周期来压时,增加幅度相对较大,裂隙扩展演化较快,其余阶段增加相对缓慢。

3)利用所建逾渗模型中逾渗概率、裂隙率、逾渗团大小、竖向破断裂隙概率、离层裂隙概率可以较为完备地定量描述裂隙特征,为建立裂隙与渗透率等相关参量的定量关系提供了合适的数学载体。

8.2 主要创新点

(1)建立圆柱体试件受力变形数学模型,推导3种不同开采支承压力与水平应力分布表达式,能综合考虑开采条件、影响范围与采动卸压产生对应的采动力学行为。引入概率积分法将体积应变与渗透率结合,实现了保护层开采瓦斯卸压增透量化评价研究。

(2)提出了相似模拟试验下采动煤岩体渗透率分布的可视化技术,基于煤气耦合渗流试验,建立了体积应变-渗透率数学关系方程,得到了采场整体的瓦斯增透效果分布图。根据3种不同开采条件下工作面前方支承压力与水平应力分布规律设计加卸载方案,开展采动力学试验与瓦斯增透耦合试验。

(3)采动裂隙演化过程的逾渗理论和重正化技术的进一步研究。综合考虑多因素影响分析采动裂隙演化过程,使其研究成果更具一般性。重点研究采动过程中,周期地压活动与采动裂隙分布逾渗概率的关系,采动裂隙逾渗集团演化与裂隙贯通性关系等;在重正化的临界性预测研究中,可采用岩石强度的不同分布模型,根据采动裂隙单裂隙的扩展特点可考虑其断裂机制,建立适合的重正化模型。

8.3 研究展望

笔者先后在淮南、平顶山等矿山开采调研,利用相似模拟试验平台还原现场工作面开挖过程,并且从三轴试验上探讨煤岩体的采动力学行为,从理论上探讨3种不开条件下煤岩体的增透机理,虽取得一定成果,但仍存在如下不足:

(1)矿山开采都是真实的三维空间立体现场,从二位相似模拟试验简化其开采过程，虽然能得到主要规律，但是切合现场实际，难以指导实际情况，因此应尽量开展三维试验并结合现场试验，希望以后的研究获取更多的数据。

(2)采动应力与瓦斯流动耦合试验存在局限性，无论是尺寸上还是渗透率数量级上，室内试验与现场试验都具有较大差异，希望在未来的研究中能从更大尺度上探讨瓦斯增透理论及其效果评价。

(3)裂纹始终是影响瓦斯渗透的关键因素，文中以相似模拟和数值模拟相结合方式采集上覆岩层采动裂隙分布，采用逾渗理论和重正化理论对采动裂隙演化过程的非线性和临界性进行了研究，考虑了一些主要因素的影响，但也忽略了一些因素；再者，本书研究的仅是二维采动裂隙演化，通过二维来反映三维空间的变化规律，而实际矿井上覆岩层采动裂隙的分布是空间问题，需要考虑三维空间特性。逾渗理论和重正化群理论的分析也是初步的和定性的，目的则主要是提出一种研究的方法和思路。因而考虑到这些情况，在上覆岩层采动裂隙演化的研究中，还有很多问题需要深入研究。

参考文献

[1]谢和平. 中国能源中长期(2030、2050)发展战略研究:节能·煤炭卷[M]. 北京:科学出版社,2011.

[2]蒋宇静. 论弹性基础变形效应对采场老顶活动规律的影响[J]. 西安矿业学院学报,1989,1:25-35.

[3]靳钟铭,赵阳升,张惠轩. 采场老顶变形与破坏的时效特性研究[J]. 煤炭学报,1991,16(2):21-29.

[4]靳钟铭,张惠轩,宋选民,等. 综放采场项煤变形运动规律研究[J]. 矿山压力与顶板管理,1992,1:26-31.

[5]于德海. 云锡松矿缓倾斜中厚氧化矿体采场开采优化研究[D]. 昆明:昆明理工大学,2002.

[6]施祖龙,王树全,李辰龙. 综放采场沿空回采巷道围岩变形控制技术实践[J]. 煤炭科学技术,2004,32(10):31-34.

[7]程元祥. 悬顶采场围岩变形和破坏特征研究[D]. 青岛:山东科技大学,2006.

[8]任强. 采场覆岩变形破坏规律的数值模拟及敏感性分析[D]. 青岛:山东科技大学,2007.

[9]胡耀青,赵阳升,杨栋. 采场变形破坏的三维固流耦合模拟实验研究[J]. 辽宁工程技术大学学报,2007,26(4):520-523.

[10]陈庆发,易丽军. 缓倾矿体巷式采场变形分析与收敛测点布置[J]. 矿业研究与开发,2007,27(5):23-25.

[11]何忠明,曹平. 考虑应变软化的地下采场开挖变形稳定性分析[J]. 中南大学学报:自然科学版,2008,39(4):641-646.

[12]尹文国,高兆利. 软岩采场停撤面期间围岩运动变形规律[J]. 山东煤炭科技,2009,2:103 - 104.

[13]刘培慧. 基于应力边界法厚大矿体采场结构参数数值模拟优化研究[D]. 长沙:中南大学,2009.

[14]刘欣. 深部开采采场围岩稳定性研究[D]. 重庆:重庆大学,2009.

[15]朱涛. 软煤层大采高综采采场围岩控制理论及技术研究[D]. 太原:太原理工大学,2010.

[16]田维军. 缓倾斜中厚磷矿床地下开采采场矿压显现及上覆岩层变形破坏规律深部开采采场围岩稳定性研究[D]. 重庆:重庆大学,2010.

[17]张华磊. 采场底板应力传播规律及其对底板巷道稳定性影响研究[D]. 徐州:中国矿业大学,2011.

[18]尹光志,李小双,魏作安,等. 边坡和采场围岩变形破裂响应特征的相似模拟试验研究[J]. 岩石力学与工程学报,2011,30 (增 1):2913 - 2923.

[19]金怀涛. 采场底板变形特征及底板巷道围岩控制研究[D]. 淮南:安徽理工大学,2011.

[20]彭永贵,涂敏,刘宗亮. 坚硬顶板条件下采场巷道变形规律实测及分析[J]. 煤炭技术,2012,31 (2):98 - 100.

[21]王东旭,宋卫东,颜钦武,等. 大冶铁矿嗣后充填采场围岩变形机理研究[J]. 金属矿山,2012,8:1 - 5.

[22]郭文兵,邓喀中,邹友峰. 岩层与地表移动控制技术的研究现状及展望[J]. 中国安全科学学报,2005,15(1):6 - 10.

[23]李凤明,耿德庸. 我国村庄下采煤的研究现状、存在问题及发展趋势[J]. 煤炭科学技术,1999,27(1):10 - 13.

[24]谢和平. 21 世纪高新技术与我国矿业的发展与展望[J]. 中国矿业,2002,22(3):15 - 22.

[25]李玉琳,毕贤顺,张俊文. 地表沉陷机理的流变特性分析[J]. 煤矿开采,2006,11(6):17 - 19.

[26]麻凤海,王泳嘉,范学理. 利用神经网络预测开采引起地表沉陷[J]. 阜新矿业学院学报:自然科学版,1995,14(3):46 - 49.

[27]C. r. 阿维尔辛. 岩层移动[M]. 何新义,译. 北京:煤炭工业出版社,1958.

[28]郭广礼,郑喀中,张连贵,等. 综采放顶煤地表移动规律特殊性[J]. 中国矿

业大学报,1999,28(4):375 - 378.
[29]刘夕才. 软岩非线性变形的理论分析与有限元数值模拟研究[D]. 沈阳:东北大学,1994.
[30]上岳武. 工程地址研究中的数值分析方法[D]. 西安:西安科技大学,2004.
[31]麻凤海,杨帆. 地层沉陷的数值模拟应用研究[J]. 辽宁工程技术大学学报:自然科学版,2001,20(3):257 - 261.
[32]唐又弛,曹再学,朱建军. 有限元法在开采沉陷中的应用[J]. 辽宁工程技术大学学报:自然科学版,2003,22(2):196 - 198.
[33]谢和平,周宏伟,王金安,等. FLAC 在煤矿开采沉陷预测中的应用及对比分析[J]. 岩石力学与工程学报,1999,18(4):397 - 401.
[34]高保彬,李德海,王东攀. FLAC3D 在深部宽条带开采沉陷预计中的应用[J]. 能源技术与管理,2005,(5):1 - 3.
[35]XIA Yucheng,ZHI Jianfeng,SUN Xueyang. Study on relation between tectonic stress and coal - mining subsidence with similar material simulation [J]. Journal of Coal Science & Engineering,2005,11(2):37 - 40.
[36]柴华彬,邹友峰,段振伟. 开采沉陷相似现象群的分类方法[J]. 焦作工学院学报:自然科学版,2003,22(2):84 - 87.
[37]谢和平. 可持续发展与煤炭工业工业报告文集[M]. 北京:煤炭工业出版社,1998.
[38]林元雄. 中国井盐科技史[M]. 四川:四川科学技术出版社,1987.
[39]马永政. 非连续变形分析法位移模式改进及工程应用[D]. 武汉:中国科学院武汉岩土研究所,2007.
[40]于广明,杨伦. 非线性科学在矿山开采沉陷中的应用(1) [J]. 阜新矿业学院学报,1997,16 (4):385 - 388.
[41]蒋金泉,顾兵. 大倾角采场围岩应力分布特征[J]. 矿山压力与顶板管理,1993,1:110 - 114.
[42]杨栋,赵阳升. 裂隙状采场底板固流耦合作用的数值模拟[J]. 煤炭学报,1998,23 (1):37 - 41.
[43]李树刚,石平五,钱鸣高. 覆岩采动裂隙椭抛带动态分布特征研究[J]. 煤炭学报,1999,3:44 - 46.
[44]方新秋,张玉国,郭和平. 采场多裂隙直接顶破坏的模拟研究[J]. 矿山压

力与顶板管理,2000,2:36－38.

[45]靳钟铭,魏锦平,靳文学. 放顶煤采场前支承压力分布特征[J]. 太原理工大学学报,2001,32(3):216－218.

[46]侯忠杰. 层状矿床采场垮落带老顶与裂隙带老顶的判别[C]. 中国岩石力学与工程学会第七次学术大会论文集,2002:中国西安.

[47]刘泽功,袁亮,戴广龙,等. 采场覆岩裂隙特征研究及在瓦斯抽放中应用[J]. 安徽理工大学学报:自然科学版,2004,24(4):10－15.

[48]孙凯民,许德岭,杨昌能,等. 利用采场覆岩裂隙研究优化采空区瓦斯抽放参数[J]. 采矿与安全工程学报,2008,25(3):366－370.

[49]张玉军,李凤明. 采动覆岩裂隙分布特征数字分析及网络模拟实现[J]. 煤矿开采,2009,14(5):4－6.

[50]黄炳香,刘锋,王云祥,等. 采场顶板尖灭隐伏逆断层区导水裂隙发育特征[J]. 采矿与安全工程学报,2010,27(3):377－341.

[51]曾强,王德明,蔡忠勇. 煤田火区裂隙场及其透气率分布特征[J]. 煤炭学报,2010,35(10):1670－1673.

[52]刘金海,姜福兴,冯涛. C型采场支承压力分布特征的数值模拟研究[J]. 岩土力学,2010,31(12):4011－4015.

[53]贺桂成,肖富国,张志军,等. 康家湾矿含水层下采场导水裂隙带发育高度预测[J]. 采矿与安全工程学报,2011,28(1):122－126.

[54]师皓宇,田多,田昌盛. 采场底板岩体裂隙发育深度影响因素敏感性研究[J]. 华北科技学院学报,2011,8(4):27－29.

[55]张胜,田利军,肖鹏. 综放采场支承压力对覆岩裂隙发育规律的影响机理研究[J]. 矿业安全与环保,2011,38(6):12－14.

[56]孟攀,叶金焱. 采场覆岩裂隙发育及高位钻孔优化设计[J]. 煤田地质与勘探,2012,40(2):19－22.

[57]袁本庆. 近距离厚煤层采场底板岩体应力分布及采动裂隙演化规律研究[D]. 淮南:安徽理工大学,2012.

[58]林海飞. 采动裂隙椭抛带中瓦斯运移规律及其应用分析[D]. 西安:西安科技大学,2004.

[59]毕业武. 保护层开采对煤层渗透特性影响规律的研究[D]. 阜新:辽宁工程技术大学,2005.

[60]李忠华. 高瓦斯煤层冲击地压发生理论研究及应用[D]. 阜新:辽宁工程技术大学,2007.
[61]魏磊. 下保护层开采覆岩结构演化及卸压瓦斯抽放技术研究[D]. 淮南:安徽理工大学,2007.
[62]涂敏. 煤层气卸压开采的采动岩体力学分析与应用研究[D]. 徐州:中国矿业大学,2008.
[63]张树川. 地面钻孔抽采被保护层卸压瓦斯技术研究[D]. 淮南:安徽理工大学,2008.
[64]翟成. 近距离煤层群采动裂隙场与瓦斯流动场耦合规律及防治技术研究[D]. 徐州:中国矿业大学,2008.
[65]肖应祺. 祁南矿3-2煤层深孔爆破增透技术的研究及应用[D]. 淮南:安徽理工大学,2008.
[66]王文. 远距离下保护层开采卸压增透特性研究[D]. 焦作:河南理工大学,2008.
[67]王亮. 巨厚火成岩下远程卸压煤岩体裂隙演化与渗流特征及在瓦斯抽采中的应用[D]. 徐州:中国矿业大学,2009.
[68]林海飞. 综放开采覆岩裂隙演化与卸压瓦斯运移规律及工程应用[D]. 西安:西安科技大学,2009.
[69]余陶. 低透气性煤层穿层钻孔区域预抽瓦斯消突技术研究[D]. 合肥:安徽建筑工业学院,2010.
[70]刘洪永. 远程采动煤岩体变形与卸压瓦斯流动气固耦合动力学模型及其应用研究[D]. 徐州:中国矿业大学,2010.
[71]王磊. 应力场和瓦斯场采动耦合效应研究[D]. 淮南:安徽理工大学,2010.
[72]邵太升. 黄沙矿上保护层开采卸压释放作用研究[D]. 徐州:中国矿业大学,2011.
[73]黄振华. 缓倾斜多煤层下保护层开采的卸压瓦斯抽采设计研究[D]. 重庆:重庆大学,2011.
[74]高明松. 上保护层开采煤岩变形与卸压瓦斯抽采技术研究[D]. 淮南:安徽理工大学,2011.
[75]李成伟. 坚硬顶板采场瓦斯涌出与周期来压关系研究[D]. 焦作:河南理工大学,2011.

[76]刘洪永,程远平,陈海栋. 含瓦斯煤岩体采动致裂特性及其对卸压变形的影响[J]. 煤炭学报,2011,36(12):2074-2079.

[77]袁亮. 卸压开采抽采瓦斯理论及煤与瓦斯共采技术体系[J]. 煤炭学报,2009,34(1):1-8.

[78]李晓泉,尹光志. 含瓦斯煤的有效体积应力与渗透率关系[J]. 重庆大学学报,2011,34(8):103-109.

[79]尹光志,蒋长宝,王维忠,等. 不同卸围压速度对含瓦斯煤岩力学和瓦斯渗流特性影响试验研究[J]. 岩石力学与工程学报,2011,30(1):68-77.

[80]陈忠辉,谢和平. 综放采场支承压力分布的损伤力学分析[J]. 岩石力学与工程学报,2000,19(4):436-439.

[81]王同旭,刘传孝,王小平. 孤岛煤柱侧向支承压力分布的数值模拟与雷达探测研究[J]. 岩石力学与工程学报,2002,21(增2):2484-2487.

[82]浦海,缪协兴. 综放采场覆岩冒落与围岩支承压力动态分布规律的数值模拟[J]. 岩石力学与工程学报,2004,23(7):1122-1126.

[83]李树刚,林海飞,成连华. 综放开采支承压力与卸压瓦斯运移关系研究[J]. 岩石力学与工程学报,2004,23(19):3288-3291.

[84]谢广祥,杨科,刘全明. 综放面倾向煤柱支承压力分布规律研究[J]. 岩石力学与工程学报,2006,25(3):545-549.

[85]史红,姜福兴. 基于微地震监测的覆岩多层空间结构倾向支承压力研究[J]. 岩石力学与工程学报,2008,27(增1):3274-3280.

[86]刘金海,姜福兴,王乃国,等. 深井特厚煤层综放工作面支承压力分布特征的实测研究[J]. 煤炭学报,2011,36(增1):18-22.

[87]王龙甫. 弹性理论[M]. 北京:科学出版社,1979.

[88]李同林,乌效鸣,屠厚泽. 煤岩力学性质测试分析与应用[J]. 地质与勘探,2000,36(2):85-88.

[89]谢和平,周宏伟,刘建峰,等. 不同开采条件下采动力学行为研究[J]. 煤炭学报,2011,36(7):1067-1074.

[90]胡国忠,王宏图,袁志刚. 保护层开采保护范围的极限瓦斯压力判别准则[J]. 煤炭学报,2010,35(7):1131-1137.

[91]石必明,刘泽功. 保护层开采上覆煤层变形特性数值模拟[J]. 煤炭学报,2008,33(1):17-25.

[92]石必明,俞启香,王凯. 远程保护层开采上覆煤层透气性动态演化规律试验研究[J]. 岩石力学与工程学报,2006,25(9):1917-1921.

[93]胡国忠,王宏图,李晓红,等. 急倾斜俯伪斜上保护层开采的卸压瓦斯抽采优化设计[J]. 煤炭学报,2009,34(1):9-15.

[94]刘海波,程远平,宋建成,等. 极薄保护层钻采上覆煤层透气性变化及分布规律[J]. 煤炭学报,2010,35(3):411-417.

[95]王海锋,程远平,吴冬梅,等. 近距离上保护层开采工作面瓦斯涌出及瓦斯抽采参数优化[J]. 煤炭学报,2010,35(4):590-594.

[96]滕永海,王金庄. 综采放顶煤地表沉陷规律及机理[J]. 煤炭学报,2008,33(3):264-268.

[97]余学义,张恩强. 开采损害学[M]. 2版. 北京:煤炭工业出版社,2010.

[98]煤炭工业局. 建筑物、水体、铁路及主要井巷煤柱留设与压煤开采规程[M]. 北京:煤炭工业出版社,2000.

[99]戴广龙,汪有清,张纯如. 保护层开采工作面瓦斯涌出量预测[J]. 煤炭学报,2007,32(4):382-385.

[100]涂敏,黄乃斌,刘宝安. 远距离下保护层开采上覆煤岩体卸压效应研究[J]. 采矿与安全工程学报,2007,24(4):418-426.

[101]王海锋,程远平,吴冬梅. 近距离上保护层开采工作面瓦斯涌出及瓦斯抽采参数优化[J]. 煤炭学报,2010,35(4):590-594.

[102]胡国忠,王宏图,袁志刚. 保护层开采保护范围的极限瓦斯压力判别准则[J]. 煤炭学报,2010,35(7):1131-1136.

[103]张拥军,于广明,路世豹. 近距离上保护层开采瓦斯运移规律数值分析[J]. 岩土力学,2010,31(增1):398-404.

[104]王宏图,范晓刚,贾剑青. 关键层对急斜下保护层开采保护作用的影响[J]. 中国矿业大学学报,2011,40(1):23-28.

[105]刘纯贵. 马脊梁煤矿浅埋煤层开采覆岩活动规律的相似模拟[J]. 煤炭学报,2011,36(1):7-11.

[106]刘三钧,林柏泉,高杰. 远距离下保护层开采上覆煤岩裂隙变形相似模拟[J]. 采矿与安全工程学报,2011,28(1):51-60.

[107]冯国瑞,任亚峰,王鲜霞. 白家庄煤矿垮落法残采区上行开采相似模拟实验研究[J]. 煤炭学报,2011,36(4):544-550.

[108]高峰,许爱斌,周福宝. 保护层开采过程中煤岩损伤与瓦斯渗透性的变化研究[J]. 煤炭学报,2011,36(12):1979 - 1984.

[109]魏刚. 红菱煤矿保护层开采裂隙演化规律的相似模拟实验[J]. 辽宁工程技术大学学报:自然科学版,2012,31(2):185 - 188.

[110]薛东杰,周宏伟,孔琳,等. 采动条件下被保护层瓦斯卸压增透机理研究[J]. 岩土工程学报,2012,34(10).

[111]周宏伟,张涛,薛东杰,等. 长壁工作面覆层采动裂隙网络演化特征研究[J]. 煤炭学报,2011,36(12):1957 - 1962.

[112]王广荣,薛东杰,郜海莲,等. 煤岩全应力 - 应变过程中渗透特性的研究[J]. 煤炭学报,2012,37(1):107 - 112.

[113]许江,彭守建,尹光志,等. 含瓦斯煤热流固耦合三轴伺服渗流装置的研制及应用[J]. 岩石力学与工程学报,2010,29(5):907 - 914.

[114]尹光志,李广志,赵洪宝,等. 煤岩全应力 - 应变过程中瓦斯流动特性试验研究[J]. 岩石力学与工程学报,2010,29(1):170 - 175.

[115]王连国,缪协兴. 岩石渗透率与应力、应变关系的尖点突变模型[J]. 岩石力学与工程学报,2005,24(23):4210 - 4214.

[116]蒋长宝,尹光志,黄启翔,等. 含瓦斯煤岩卸围压变形特征及瓦斯渗流试验[J]. 煤炭学报,2011,36(5):802 - 807.

[117]孙培德,凌志仪. 三轴应力作用下煤渗透率变化规律实验[J]. 重庆大学学报,2000,23(S1):28 - 31.

[118]杨永杰,宋扬,陈绍杰. 煤岩全应力应变过程渗透性特征试验研究[J]. 岩土力学,2007,28(2):381 - 385.

[119]Hammersley, L., Broadbent J. Percolation processes[J]. Mathematical Proceedings of the Cambridge Philosophical Society. 1957, 53(3): 629 - 641.

[120]张济忠. 分形[M]. 北京: 清华大学出版社, 1995: 73 - 79, 192 - 198.

[121]J. Hoshen, R. Kopelman. Percolation and cluster distribution I. Cluster multiple labeling technique and critical concentration algorithm[J]. Phys. Rev. B, 1976, 14(8): 3438 - 3445.

[122]J. Hoshen, P. Klymko, R. Kopelman. Percolation and cluster distribution III. Algorithm for the site - bond problem[J]. J. Stat. Phys., 1979,21 (5): 583 - 600.

[123]J. Hoshen. On the application of the enhancedHoshen - Kopelman algorithm for image analysis[J]. Pattern Recogn. Lett., 1998, 12: 575 -584.

[124]J. Hoshen, M. W. Berry, K. S. Minser. Percolation and cluster structure parameters: the enhanced Hoshen - Kopelman algorithm[J]. Phys. Rev. B, 1997,56 (2): 1455 -1460.

[125]T. Chelidze, Yu. Kolesnikov, T. Matcharashvili. Seismological criticality concept and percolation model of fracture[J]. Geophys. J. Int., 2006, 164 (1): 125 -136.

[126]T. L. Chelidze. Percolation and fracture[J]. Physics of The Earth and Planetary Interiors, 1982,28(2): 93 -101.

[127]C. J. Allegre, J. L. Le Mouel, A. Provost. Scaling rules in rock fracture and possible implications for earthquake prediction [J]. Nature, 1982, 297 (5861): 47 -49.

[128]T. L. Chelidze. Percolation theory as a tool for imitation of fracture process in rocks[J]. Pure and Applied Geophy., 1986, 124(4 -5): 731 -748.

[129]Muhammad Sahimi, Michelle C. Robertson and Charles G. Sammis. Relation between the earthquake statistics and fault patterns, and fractals and percolation [J]. Physica A: Statistical and Theoretical Physics, 1992, 191(1 -4): 57 -68.

[130]彭自正，王殚业，许云廷，等. 逾渗与岩石破裂的计算机模拟研究[J]. 西北地震学报，1996 ，18 (1)：22 -28.

[131]柯善明，顾浩鼎，翟文杰. 地震活动的逾渗模型及临界状态的研究[J]. 地震学报，1999，21(4)：379 -386.

[132]冯增朝. 低渗透煤层瓦斯抽放理论与应用研究[D]. 太原：太原理工大学，2005.

[133]朱大勇，范鹏贤，郭志昆，等. 裂隙岩体逾渗模型中渗透概率递推矩阵[J]. 岩石力学与工程学报，2007，26(2)：262 -267.

[134]T. R. Madden. Microcrack connectivity in rocks: A renormalization group approach to the critical phenomena of conduction and failure in crystalline rocks [J]. J . Geophy. Res., 1983, 88(B1): 585 -592.

[135]W. I. Newman, L. Knopoff. Crack fusion dynamics: A model for large earth-

quakes[J]. Geophys Res. Lett., 1982, 9(7): 735 - 738.

[136] W. I. Newman, L. Knopoff. A model for repetitive cycles of large earthquakes[J]. Geophys Res. Lett., 1983, 10(4), 305 - 308.

[137] Turcotte D L. Fractals and fragmentation[J]. J Geophys Res, 1986, 91(B2): 1921 - 1926.

[138] 彭自正，牛志仁. 岩石破裂度及其在地震孕育演化研究中的应用[J]. 华南地震，1999，19(2)：20 - 24.

[139] Shao Peng. Evolution of blast - induced rock damage and fragmentation prediction[C]. //The 6th International Conference on Mining Science & Technology, Procedia Engineering. 2009: 585 - 591.

[140] 陈忠辉，谭国焕，杨文柱. 岩石脆性破裂的重正化研究及数值模拟[J]. 岩土工程学报，2002，24(2)：184 - 187.

[141] 周宏伟，谢和平. 孔隙介质渗透率的重正化群预计[J]. 中国矿业大学学报，2000，29(3)：244 - 248.

[142] 梁正召. 三维条件下的岩石破裂过程分析及其数值试验方法研究[D]. 沈阳：东北大学，2005.

[143] Donald L. Turcotte. Fractals and Chaos in Geology and Geophysics[M]. Cambridge: Cambridge University Press, 1992: 1 - 221.

[144] 吴忠良. 地震震源物理中的临界现象[M]. 北京：地震出版社，2000：33 - 70.

[145] 邵鹏. 断续节理岩体中弹性波动力效应研究[M]. 徐州：中国矿业大学出版社，2005：61 - 70.

[146] 谭云亮，刘传孝，赵同彬. 岩石非线性动力学初论[M]. 北京：煤炭工业出版社，2008：234 - 253.

[147] 王志国，周宏伟，谢和平. 深部开采上覆岩层采动裂隙网络演化的分形特征研究[J]. 岩土力学，2009，30(8)：2403 - 2408.

[148] 中国地震局监测预报司. 实验场区地震预报新技术新方法[M]. 北京：地震出版社，2002：142 - 159.

[149] Hudson J A, Fairhurst C. Tensile strength, Weibull's theory and a general statistical approach to rock failure [C]. //The Proceedings of the Southampton 1969 Civil Engineering Materials Conference, 1969: 901 - 914.

[150]郭贻诚，王震西. 非晶态物理学[M]. 北京：科学出版社，1984：53 -231.

[151]J. Hoshen, R. Kopelman and E. M. Monberg. Percolation and cluster distribution II. layers, variable - range interactions, and exciton cluster model[J]. Journal of Statistical Physics, 1978, 19(3): 219 -242.